PATEK PHILIPPE
GENEVE

THE
DALMORE
THE
DALMORE™
HIGHLAND SINGLE MALT SCOTCH WHISKY
不 開 車 安 全 有 保 障

CONTENTS

THE QUEST FOR PRECISION
CHRONOMÈTRE FB 1RES.4
One-second remontoire combined with fusee-chain transmission displaying deadbeat seconds. 44 mm octagonal case in ceramised titanium. 50-hour power reserve.
ferdinandberthoud.ch
FERDINAND
1753
BERTHOUD
Maison
Swiss Prestige
葳鑠時計光廊 02 2700 8927

CONTENTS

MB&F
LEGACY MACHINE SEQUENTIAL FLYBACK
Platinum edition
In-house dual chronograph flyback
by Stephen McDonnell
Patented Twinverter binary switch
72 hours power reserve
619 components
Limited edition, 33 pieces
MB&F LAB TAIPEI
地址：台北市敦化南路一段232巷2號1樓
電話：+886 2 2775 2768
www.mbandf.com

社長 & 發行人 / 周凱旋
President & Publisher / Victoria Chou

社長特助 / 張玉姍
Special Assistant / Ova Chang

品牌總監 / 祁船梅
Brand Director / Catherine Chi

編輯部 EDITORIAL DEPARTMENT

總編輯 / 郭峻彰
Editor-in-Chief / Eric Kuo

副總編輯 / 李鈴德
Deputy Editor-in-Chief/ Bryan Lee

新媒體編輯 / 陳欣怡
Digital Media Editor / Cindy Chen

特約編輯 / 何世光、高唯竣、簡士傑
Contributing Editor /Steven River, Bryant Kao, Joseph Chien

美術主任 / 彭玉如
Supervisor of Art Editor / Lulu Peng

美術編輯 / 吳麗鳳
Art Editor / Sandy Wu

特約影片攝影 / 李欣哲
Contributing Vedio Photographer / Rand Lee

特約攝影 / 張光宇、李明晃
Contributing Photographer / Terry Chang, Akira Lee

數位媒體部 DIGITAL MEDIA DEPARTMENT

數位媒體總監 / 張玉姍
Digital Media Director/ Ova Chang

數位媒體副總監 / 龔志峰
Digital Media Deputy Director / Lolo Gong

業務部 SALES DEPARTMENT

資深行銷業務經理 / 馮雁妮
Senior Sales & Marketing Manager / Maggie Feng

行銷業務主任 / 謝文苑
Sales & Marketing Supervisor / Gail Hsieh

行政副理 / 陳昱丞
Assistant Manager of Administration / Richard Chen

會計主任 / 劉希慈
Accounting Officer / Claire Liu

MASTHEAD

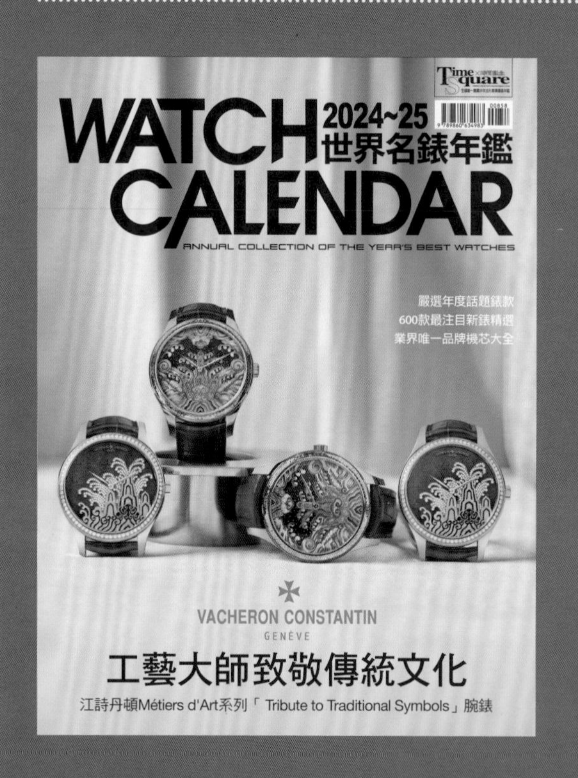

出版日期　2024年11月首刷
ISBN 978-986-06349-8-3

發行所　木石文化股份有限公司

編輯發行部　10550台北市松山區南京東路3段303巷6弄9號2樓
電話：(02) 2719-8970
傳真：(02) 2719- 8960
http://www.woodstone-online.com/

劃撥帳號　18766105木石文化股份有限公司

國內零售　定價NT$1588　特惠價NT$858

國內經銷商　聯合發行股份有限公司
新北市新店區寶橋路235巷6弄6號2F

製版印刷　科樂印刷事業股份有限公司
KOLOR COLOR PRINTING CO., LTD.

行政院新聞局出版事業登記證局版北市誌第197號

R. Gauthier
SWISS MADE
white gold 18k
Romain Gauthier
Twenty-Four (24) jewels
Vallée de Joux
Pt 950

Publisher's Voice

時光如梭 歲月如歌

《世界名錶年鑑》今年迎來了創刊三十週年的喜悦三十年的時光，在時間的長河中或許只是轉瞬即逝的浪花，但對於《世界名錶年鑑》而言，這是一段用三十年如一日的純粹熱愛和心無旁騖的堅守鑄就的旅程。作為華文世界第一本專業鐘錶期刊，自創刊之初，我們便抱著一個目標：指引著更多人認識時計文化的燦爛輝煌，並了解鐘錶藝術背後的卓越工藝與深厚的文化底蘊。

在這段三十年的旅程中，我們有幸與許許多多同樣秉持著相同理念的伙伴並肩前行──包括今年的封面品牌：擁有269年暉煌歷史的江詩丹頓。1755年，製錶大師Jean-Marc Vacheron在日內瓦聘請首位學徒，此舉標誌著江詩丹頓──世界最古老製錶工坊的誕生。從那一刻起，一個偉大的鐘錶品牌在閣樓裡開始了對製錶工藝孜孜不倦的追求，這份堅守與熱愛，穿越了兩個多世紀的風雨，至今仍熠熠生輝。

1819年，François Constantin從都靈向Jacques-Barthélémy Vacheron發出的那封信中，包含了成為該品牌箴言的詞句：「如果可能就做得更好，這總是可能的。」這句話後來被精煉為江詩丹頓的座右銘：「悉力以赴，精益求精」。這八字箴言，其實不僅是對製錶工藝的極致追求，更是對人生態度的深刻頓悟。它也同樣激勵我們不斷突破自我、勇攀高峰，也讓我們在與品牌的合作中，更深刻地了解時間的價值與意義。

2024年，在《世界名錶年鑑》創刊30週年之際，恰逢明年將迎來江詩丹頓的270週年，慶賀之餘，相信我們都將繼續秉持這份熱愛，陪伴鐘錶愛好者走過下一個十年、二十年，乃至更多的歲月。

感謝所有在這條路上同行的朋友，是你們的支持，讓我們有勇氣成為時間藝術的傳頌者。願我們一同在時間的刻度裡，繼續譜寫著優雅的樂章。

發行人

2024.10.17

Chief's Voice

紙上玩錶

跟往年一樣，在編製這本年鑑時，我總愛把所有工作完成之後才著手撰寫本文。換句話說，這篇編輯感言就像是舞台上表演結束後緩緩落下的布幕，寫完這篇就等於整本年鑑終於大功告成。之所以會有這習慣，是因為可以一邊藉著整理年度資料時，一邊好好回顧這一年以來鐘錶產業的發展概況，總結整理後跟讀者們報告。

正當我在思考著如何起頭破題，說明今年像我這樣預算有限，名字始終無緣登錄上熱門錶款購買名單的錶迷朋友，如何深陷購錶、玩錶困局裡之際。不知不覺時間已經來到10月18日凌晨2點，也就是百達翡麗預定發布全新系列錶款的時間點。

一款名為Cubitus的新錶主要設計元素承襲自品牌運動錶款Nautilus金鷹系列。直徑45mm正八角形錶殼的兩側具有類似Nautilus的鉸鏈護肩，搭配立體水平橫紋圖案錶盤，還搭配形似Nautilus的金屬鏈帶。至於材質跟功能搭配方面，首發有三種款式，分別以鉑金、半金以及不鏽鋼材質製作，而所謂的半金款是玫瑰金搭配不鏽鋼。它們的型號依序為，鉑金款型號5822P-001，搭載品牌首次為萬年曆以外錶款所開發的瞬跳雙格大日期窗功能，再加上廣受喜愛的藍色日暉紋錶盤。其次是搭配鏈帶的半金款型號5821/1AR-001，內置26-330 S C自動機芯，具備大三針與日期功能，同樣使用藍色日暉紋錶盤。最後是不鏽鋼款型號5821/1A-001，跟半金款配置相同機芯與功能，也是使用鏈帶，差別只在於材質跟橄欖綠色面盤。

寫到這裡天際已經矇矇亮了起來，因為光是閱讀Cubitus的資料並消化內容，接著再整理文字跟圖片後發布出去跟錶友分享，就得耗費好幾個小時。但說也奇怪，整夜沒睡又忙於工作，可是我現在卻出奇的精神飽滿活力十足，這唯一的解釋就是閱讀跟新錶，所帶給我的樂趣所致吧。

簡言之，雖然面臨著想入手的錶款卻買不到也買不起的「困局」，但是心念一轉，與其怨天尤人不如自行心態轉正，以圖文欣賞替代購買；用精神擁有替換實際入手，如此一來不花錢、不排隊又有收穫豈不快哉。

不多說了，趁著精神好，想要來繼續欣賞我的新歡Cubitus，有空的話一起來紙上玩錶吧！

總編輯

Editor's Note

有故事的腕錶

一只可觸動人心的手錶，主要還是以品牌聲名為主要考量，但也可以單純因為錶款外型、顏色、尺寸、功能恰好符合需求，例如錶款從黑白的絕對主流，到現在各種顏色躍上錶盤，放眼今年的新錶，各種顏色錶盤和錶殼，持續百花齊放的各自精彩，品牌並會為獨家開發的色澤冠上討喜的名稱。過去，腕錶愛好者可能會對品牌推出的新顏色版本感到單調，如今，無論是經典款式還是全新設計，只要有新顏色的加入，都能迅速引起錶迷的熱烈反響。除了顏色的變革，獨立製錶品牌的興起也帶來另一波創意衝擊，這些品牌不受既有規則的約束和傳統形象包袱，得以自由探索製錶的各種可能性，從而創造出許多天馬行空、獨具匠心的作品。

二十多年前，大尺寸錶款曾是市場的主流選擇，許多品牌紛紛推出大錶來迎合此一潮流。當時，為大錶殼搭載機芯相對簡單，可以將原本的機芯直接套用在大錶殼上面即可。然而，近年來市場對尺寸較小錶款的需求逐漸增加，這意味著製錶品牌必須重新研發全新機芯或重新調整原有結構，才能將機芯放到更小的錶殼之內。所以此波潮流的發展速度也就無法像之前大錶潮流那麼明顯快速。但從這幾年的市場發展來看，折衷尺寸的錶款已成為現代人最能接受的錶款之一，就算是大錶也會採用鈦金屬、陶瓷或創新異材質，讓佩戴者在享受大錶霸氣外觀的同時，依然能夠感受到舒適輕便。小編今年入手的手錶就是很好的例子，雖然錶殼直徑為42毫米，厚度接近20毫米，但整體的重量卻相對輕盈，因為藉由結構化的錶圈、錶耳和底蓋，框住藍寶石水晶內部錶殼，大幅減少精鋼材質的使用量，另外錶盤上的三色自動盤或輕輕搖動或是高速擺動，像極了小狗，慵懶時輕搖尾巴，但看到主人時就會興奮到讓尾巴搖晃到模糊。普普藝術傳奇人物安迪·沃荷，在接受訪問時曾提到，他鍾愛卡地亞Tank是因為其獨特風格，而不是為了來看時間。現代人要知道當下正確時間，已經習慣觀看手機，當腕錶擺脫了單純提供時間的功用，也讓未來發展有更多其他可能。

副總編輯 Bryan

JURA
SINGLE MALT SCOTCH WHISKY
One road and one distillery and 212 people with 5,000 deer.
吉拉
單一麥芽蘇格蘭威士忌
遠道而來 淬釀不凡
吉拉單一麥芽蘇格蘭威士忌
NO.1
英國銷售
JURA
AGED 15 YEARS
SHERRY CASK
RESERVE
AGED 12 YEARS
SHERRY CASK
尚格酒業 獨家代理
禁止酒駕 酒後不開車安全有保障

VACHERON CONSTANTIN
GENEVE

VACHERON CONSTANTIN

工藝大師致敬傳統文化

撰文◎Steven River · 設計◎Lulu
資料提供◎VACHERON CONSTANTIN

於 1755 年成立的 VACHERON CONSTANTIN 江詩丹頓不僅是世界上歷史最為悠久的鐘錶製造商之一，更是蘊含工藝大師世代相傳製錶技藝的腕錶藝術創造者。從汝拉山谷（Vallée de Joux）到日內瓦 Plan-les-Ouates 的錶廠裡，所有構思和設計都是傳統與創新的巧妙融合，品牌將精湛工藝、美學設計與藝術元素完美結合，每一枚腕錶都是獨一無二的藝術品，展現了品牌對傳承工藝致力創新的不懈追求。

2024 年，江詩丹頓依然本著推崇傳統，創新時尚的宗旨繼往開來，與北京故宮博物院前副研究館員合作，以明清時期宮廷紋樣「海水江崖紋」為設計靈感，匠心呈現四款 Métiers d'Art 藝術大師系列全新限定作品，致敬中國傳統文化；此外，Métiers d'Art 藝術大師系列亦推出兩款力作：中國十二生肖傳奇之蛇年腕錶。至於 Patrimony 系列亦以經典的手上鍊腕錶及優雅的月相逆跳日曆新作亮相；而近年大受錶迷歡迎的多款不同功能的 Overseas 腕錶系列，更首度搭配深綠色調旭日紋錶盤，帶來貴氣時尚新形象。

江詩丹頓與北京故宮博物院前副研究館員合作，以明清時期宮廷紋樣「海水江崖紋」為設計靈感，以 Métiers d'Art 藝術大師系列推出四款全新「Tribute to Traditional Symbols」主題腕錶，每款限量發行 15 只。其中兩款「浪湧乾坤」腕錶，融合了手工雕刻及掐絲琺瑯工藝。至於兩款「月耀河山」腕錶，則在大明火琺瑯錶盤上施以手工雕刻及珠寶鑲嵌工藝，演繹出歷史悠久的中國傳統紋飾文化。

Métiers d'Art 藝術大師系列
Tribute to Traditional Symbols 腕錶

直徑 38 毫米 18K 5N 粉紅金或 18K 白金錶殼、透明藍寶石水晶底蓋 / 時間指示 / 自製 2460 自動機芯、儲能 40 小時 / 防水 30 米 / 每款各限量 15 枚

Métiers d'Art 藝術大師系列
向中國傳統紋飾致敬

中國山水紋樣源遠流長，從新石器時代的簡單描繪，到宋元時期的清晰傳神，再到明代萬曆皇帝欽定的「海水江崖紋」：山水相依、波濤澎湃的裝飾紋樣，象徵帝王威嚴，常現於龍袍刺繡。在明清時期，這種紋飾主要用於龍袍和官服的下擺和袖口處，寓意吉祥與美好。

江詩丹頓向中國傳統文化致敬，在北京故宮博物院前副研究館員親自對江詩丹頓工藝大師的指導下，對「海水江崖紋」進行了兩種全新的現代化詮釋，推出全新Métiers d'A r t 系列「Tribute to Traditional Symbols」主題作品。四款腕錶使用直徑38mm的18K粉紅金或白金錶殼，並由2460機芯驅動。此機芯動儲40小時，更獲得日內瓦印記的認證。22K金擺陀上悉心雕刻有海潮翻湧的裝飾紋理，呼應錶盤正面的「海水江崖紋」。

在群星璀璨的夜空下，綿延的山巒上綴滿了姜芽形狀的植被，陣陣海潮不息地拍打著嶙峋礁石。這幅生動的浪湧乾坤「海水江崖紋」景致，皆以源自明朝的掐絲琺瑯工藝，精細地呈現在錶盤之上。工匠們以220根金線，耗時逾50小時，勾勒出細緻的圖案。隨後，多層琺瑯經過反覆燒製、打磨，最終呈現出豐富多彩、層次分明的色彩效果。為使這幅微型藝術品更加璀璨奪目，工匠們更在錶圈上以手工雕刻渦形蝠紋，象徵著吉祥富足。

第二款「海水江崖紋」腕錶以其獨特的層次感與立體效果，將「月耀河山」的意境展現得淋漓盡致。錶盤以18K白金或粉紅金打造，首先，工匠們以大明火琺瑯打造出深藍色的海面背景，隨後再以精湛的雕刻工藝，細膩地刻畫出浪潮的動態。接著，白色琺瑯被填入雕刻的溝壑中，營造出波光粼粼的視覺效果。最後，工匠們以明亮式切割鑽石精緻地鑲嵌出海潮的紋路，與錶圈上的鑽石交相輝映，猶如月光灑落在海面上。錶盤上的山巒部分則以金質鑲貼和內填琺瑯裝飾，層次分明，栩栩如生。

1.-2.「浪湧乾坤」款式：18K 5N 粉紅金或 18K 白金錶殼，以浪湧乾坤為主題的「海水江崖紋」錶盤，融合了手工雕刻及掐絲琺瑯工藝。

3.-4.「月耀河山」款式：18K 5N 粉紅金或 18K 白金錶殼，在大明火琺瑯錶盤上施以手工雕刻及珠寶鑲嵌工藝，將「月耀河山」的意境展現得淋漓盡致。

5. 生動的浪湧乾坤「海水江崖紋」景致，以掐絲琺瑯工藝呈現在錶盤上。
6. 在錶圈上以手工雕刻渦形蝠紋，象徵著吉祥富足。
7. 以明亮式切割鑽石精緻地鑲嵌出海潮的紋路，打造「月耀河山」的意境。
8. 22K 金擺陀上刻有海潮翻湧的裝飾紋理，呼應錶盤正面的「海水江崖紋」。

5

6

7

8

Métiers d'Art 藝術大師系列
中國十二生肖傳奇兩款限量蛇年腕錶傑作

1

2

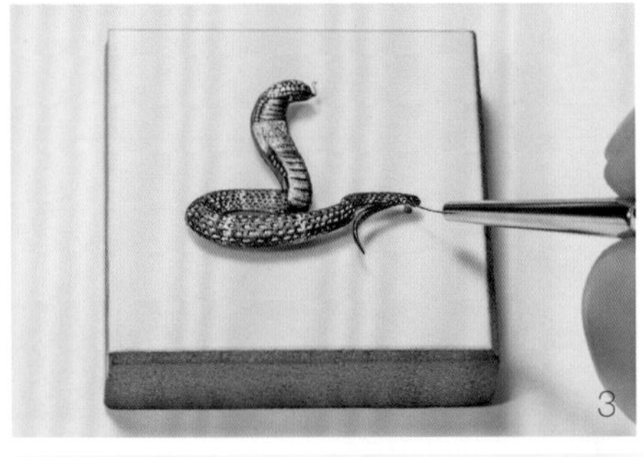

3

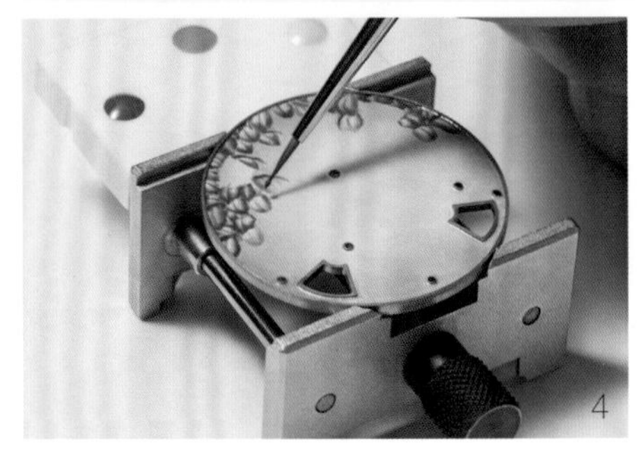

4

江詩丹頓Métiers d'Art藝術大師系列向中國曆法傳統致敬，重新打造獨具匠心的時計創作，演繹中國十二生肖主題作品的新篇章：兩款限量各25枚的蛇年生肖腕錶。兩款直徑40毫米腕錶分別採用950鉑金和18K 5N粉紅金打造。錶盤上，一條靈動的眼鏡蛇栩栩盤繞於嶙峋岩石上。這一微型藝術傑作由兩片金質鑲貼圖案組成。首先由手工雕刻大師在粉紅金或白金材質表面，悉心雕琢出靈蛇的鱗紋和岩石的斑駁紋路，整個工序歷時三天。隨後由琺瑯彩繪大師運用微縮繪畫和氧化著色工藝，進一步凸顯出圖案紋理和浮雕效果。粉紅金錶款中，眼鏡蛇和岩石圖案以溫暖的赭色調呈現; 鉑金錶款則以沉穩的煤灰色為基調。為實現裝飾效果，琺瑯彩繪大師巧妙結合兩種精妙技藝：先以大明火琺瑯工藝，在錶盤上繪製出漸變色調的背景圖案; 隨後運用日內瓦傳統微繪琺瑯技法，以霧面琺瑯釉彩勾繪出繁茂的植物紋樣，並在表面覆以一層透明釉層。琺瑯大師以極細緻的筆刷將特定顏色的琺瑯釉粉塗覆於錶盤的盤面。每一次上色，均需送入在820°C至850°C高溫的窯爐內燒製一次。如此不斷重複，直至達成圖案中豐富完整的色彩效果。 因此，兩款全新Métiers d'Art藝術大師系列The Legend of the Chinese Zodiac中國十二生肖傳奇之蛇年腕錶的錶盤均顯現由中心到邊緣細膩的色彩漸變，並點綴精細的植物圖案，在粉紅金和鉑金錶款中分別以赭色和灰色調呈現。至於錶盤上四個視窗內的色調，都是與琺瑯彩繪圖案的色調和諧呼應。兩款新作均搭載品牌自製2460 G4機芯。機芯採用獨特的顯示設計，透過錶盤上的四個視窗分別顯示小時、分鐘、星期和日期，前兩個為滑動式顯示設計，後兩個為跳字顯示。透過透明藍寶石水晶錶底蓋，可以欣賞到飾以精美機刻雕花圖案的22K金質擺陀，以及機芯精緻的裝飾打磨細節。兩款新作搭配鱷魚皮錶帶，各限量25枚。

1. 直徑 40 毫米 950 鉑金錶殼的 Métiers d'Art 藝術大師系列蛇年生肖腕錶，限量 25 只。
2. 錶盤上四個視窗內的色調，都是與琺瑯彩繪圖案的色調和諧呼應。
3. 為了呈現眼鏡蛇的靈動神態，單是手工雕琢過程已至少歷時三天。
4. 運用傳統微繪琺瑯技法，繪出精細的植物圖案。

Métiers d'Art 藝術大師系列
The Legend of the Chinese Zodiac
中國十二生肖傳奇之蛇年腕錶

直徑 40 毫米 18K 5N 粉紅金或 950 鉑金錶殼、藍寶石水晶底蓋／時間顯示、日期星期顯示／自製 2460 G4 自動機芯、儲能 40 小時、日內瓦印記／防水 30 米／各限量 25 只

Patrimony 月相逆跳日曆腕錶
直徑 42.5 毫米 18K 白金錶殼 / 時間指示、逆跳日期指示、月相顯示 / 2460 R31L 自動機芯、儲能 40 小時

Patrimony 手上鍊腕錶
直徑 39 毫米 18K 白金錶殼 / 時間指示 / 1440 手動機芯、儲能 42 小時

Patrimony系列新作
極簡製錶美學魅力

問世二十載，江詩丹頓Patrimony系列承襲了1950年代的極簡風格，在圓弧曲線與俐落線條之間實現精妙平衡，時尚設計歷久彌新。今年推出的三款腕錶新作，採用新穎的古銀色旭日紋錶盤，其中，兩款手動上鍊腕錶分別採用白金和粉紅金材質打造，首次嘗試全新39毫米錶徑設計，密閉式錶底蓋處可鐫刻個性化訂製圖案，錶帶採用新穎的蔚藍色或橄欖綠配色。另一款全新月相逆跳日曆腕錶則採用白金材質打造，配搭橄欖綠鱷魚皮錶帶。

自2004年以來，Patrimony系列已推出多款手動上鍊腕錶。新款腕錶的整體風格延續了系列前作簡約內斂的設計，盡顯優雅風範。三款新作在細節之處則進行了多項更新。首先，兩款手動上鍊腕錶，錶徑從40毫米縮減至新款的39毫米，除了順應近年的小錶徑潮流，更能滿足不同腕錶直徑人士的需求。Patrimony極具辨識度的棒狀指針、時標及由48顆18K金質拋光圓珠組成的「珠粒式」分鐘刻度圈，均以粉紅金製成，與全新的古銀色錶盤配色對比鮮明。此外，兩款腕錶的鱷魚皮錶帶亦採用較為鮮活的蔚藍色和橄欖綠色，為Patrimony系列帶來輕鬆自在的時尚氣質。此外，新作的密閉式錶底蓋更可以根據錶主要求，鐫刻個性化文字或紋飾，為時計增添個人意義。新作搭載1440手動上鍊機芯，由江詩丹頓自行研發並製造，厚度僅2.6毫米，具備42小時動力儲存。

至於全新Patrimony月相逆跳日曆腕錶，低調簡約之餘，又不乏實用且獨特的月相及逆跳日曆功能。腕錶採用直徑42.5毫米的白金錶殼，同樣搭配古銀色旭日紋錶盤，與粉紅金指針和時標一同營造出微妙的雙色美感。腕錶搭載品牌自製2460 R31L自動機芯，備有位於錶盤上半部分的逆跳日曆顯示，以及在6點位置的精密月相顯示。月相視窗內顯示的月亮圖案圓缺變化，精確對應月相變化的週期（總長29天12小時45分），這一精密月相功能只需每122年調校一次。

Patrimony 月相逆跳日曆腕錶搭載品牌自製的 2460 R31L 自動機芯，備有逆跳日曆顯示及精密月相顯示。

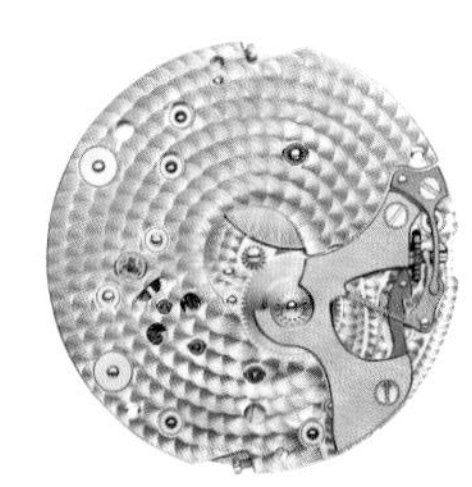

Patrimony 手動上鍊腕錶搭載 1440 手動上鍊機芯，厚度僅 2.6 毫米，具備 42 小時動力儲存。

1

2

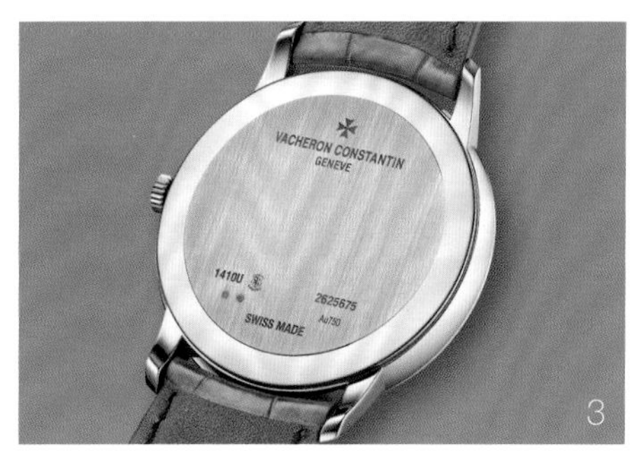

3

1. Patrimony 月相逆跳日曆腕錶，盡收兩大經典功能。
2. Patrimony18K 5N 粉紅金手上鍊腕錶，配上蔚藍色錶帶。
3. Patrimony 手上鍊腕錶的密閉式錶底蓋可根據錶主要求，鐫刻文字或紋飾。

Overseas 系列新色
4款粉紅金深綠錶盤新作

繼黑色、銀色、杏粉色、標誌性藍色等經典錶盤後，今年江詩丹頓為4款Overseas 系列粉紅金腕錶配上全新深綠色調錶盤，煥然一新的配色，令人眼前一亮。今次亦是Overseas系列腕錶的錶盤和可快速替換錶帶首次以深綠色調呈現。四款新作分別是35毫米款鑲鑽日曆腕錶、41毫米款日曆腕錶、42.5毫米款計時腕錶，以及41毫米款兩地時間腕錶。

Overseas系列經常成為探索新配色設計的舞台。在過去其中部分女士錶款引入了杏粉色配色，近年還推出了金色錶盤設計。在經典的白色、黑色和標誌性的藍色調之外，品牌也為男士錶款探索更新穎的配色方案。深綠色調曾應用於Traditionnelle系列的部分錶款中，今次以深綠色錶盤配搭Overseas系列，象徵繁林秀木，向大自然致敬，恰好呼應Overseas系列的旅行和探索精神。

溫潤的粉紅金與深邃的綠色，在這枚Overseas腕錶上碰撞出令人驚豔的火花。錶盤上的半透明漆面營造出豐富的層次感，經拉絲處理的中央旭日紋放射光芒，與外圈的天鵝絨質感形成鮮明對比。搭配Super-LumiNova®夜光塗層的金質時標和指針，在深邃的綠色背景下格外醒目。鑲鑽錶款採用單層分鐘刻度圈，簡約優雅；其他款式則以雙層設計，將分鐘刻度與秒鐘刻度清晰區分，方便讀取時間。一體式粉紅金錶鏈的馬耳他十字造型鏈節經以拋光和垂直 面拉絲處理，與錶盤的紋理質感和諧呼應，展現出品牌精湛的工藝。

新款腕錶均配備旋入式錶冠，防水深度達150米。四款腕錶均配備軟鐵內圈，可為機芯提供出色的防磁保護。四款新作分別搭載不同自動機芯，均經以精湛的高級製錶裝飾打磨工藝處理，擺陀更精心鐫刻Overseas系列標誌性的風向玫瑰羅盤圖案。每一款機芯不僅堅固可靠，亦具備充足的動力儲存，振動頻率達4赫茲（每小時28,800次）。

四款全新腕錶均配有三條可快速替換的錶鏈/錶帶，包括一條一體式粉紅金錶鏈，搭配可快速收放的三段摺疊式錶扣，只需輕輕拉出緊鄰錶扣的一至兩節鏈節，即可將錶鏈最多延長4毫米，適應大腕圍尺寸需求。佩戴者無需藉助任何工具，即能將粉紅金錶鏈輕鬆更換為綠色小牛皮錶帶或橡膠錶帶，配備同樣無需工具即可快速替換的針扣。

（由左至右）

Overseas 系列自動腕錶
直徑 35 毫米 18K 5N 粉紅金鑲鑽錶殼 / 時間指示、日期顯示 / 1088/1 自動機芯、儲能 40 小時

Overseas 系列自動腕錶
直徑 41 毫米 18K 5N 粉紅金錶殼 / 時間指示、日期顯示 / 5100 自動機芯、儲能 60 小時

Overseas 系列兩地時間腕錶
直徑 41 毫米 18K 5N 粉紅金錶殼 / 時間指示、日期指示、第二時區、晝夜指示 / 5110 DT 自動機芯、儲能 60 小時

Overseas 系列計時腕錶
直徑 42.5 毫米 18K 5N 粉紅金錶殼 / 時間指示、日期顯示、導柱輪計時 / 5200 自動機芯、儲能 52 小時

VACHERON CONSTANTIN
GENEVE
VACHERON CONSTANTIN
GENEVE
VACHERON CONSTANTIN
GENEVE

VACHERON
CONSTANTIN
ANTIMAGNETIC
VACHERON CONSTANTIN
SWISS MADE
2105640

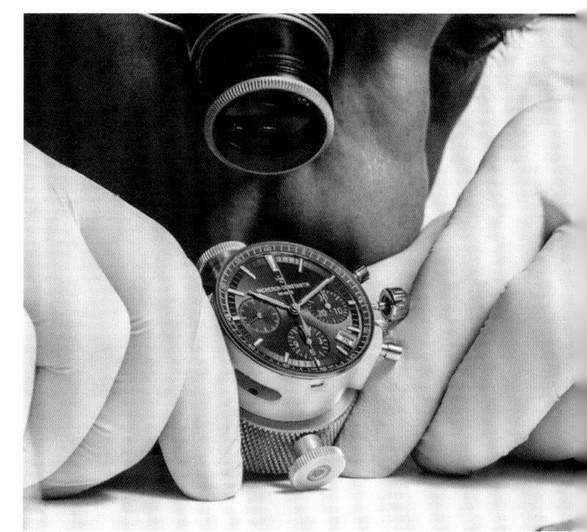

2024

Topic Watches

嚴選20大話題錶款

BELL & ROSS
BIVER
BREITLING
BVLGARI
CARTIER
CHANEL
FRANCK MULLER
HUBLOT
JACOB & CO.
LONGINES
MORITZ GROSSMANN
MONTBLANC
PATEK PHILIPPE
PANERAI
PIAGET
RICHARD MILLE
ROLEX
RENAUD TIXIER
ULYSSE NARDIN
VACHERON CONSTANTIN

BELL & ROSS

BR 03-92 Gyrocompass

人工地平儀微縮入錶．黑藍錶盤一天旋轉兩次．飛行精神再現

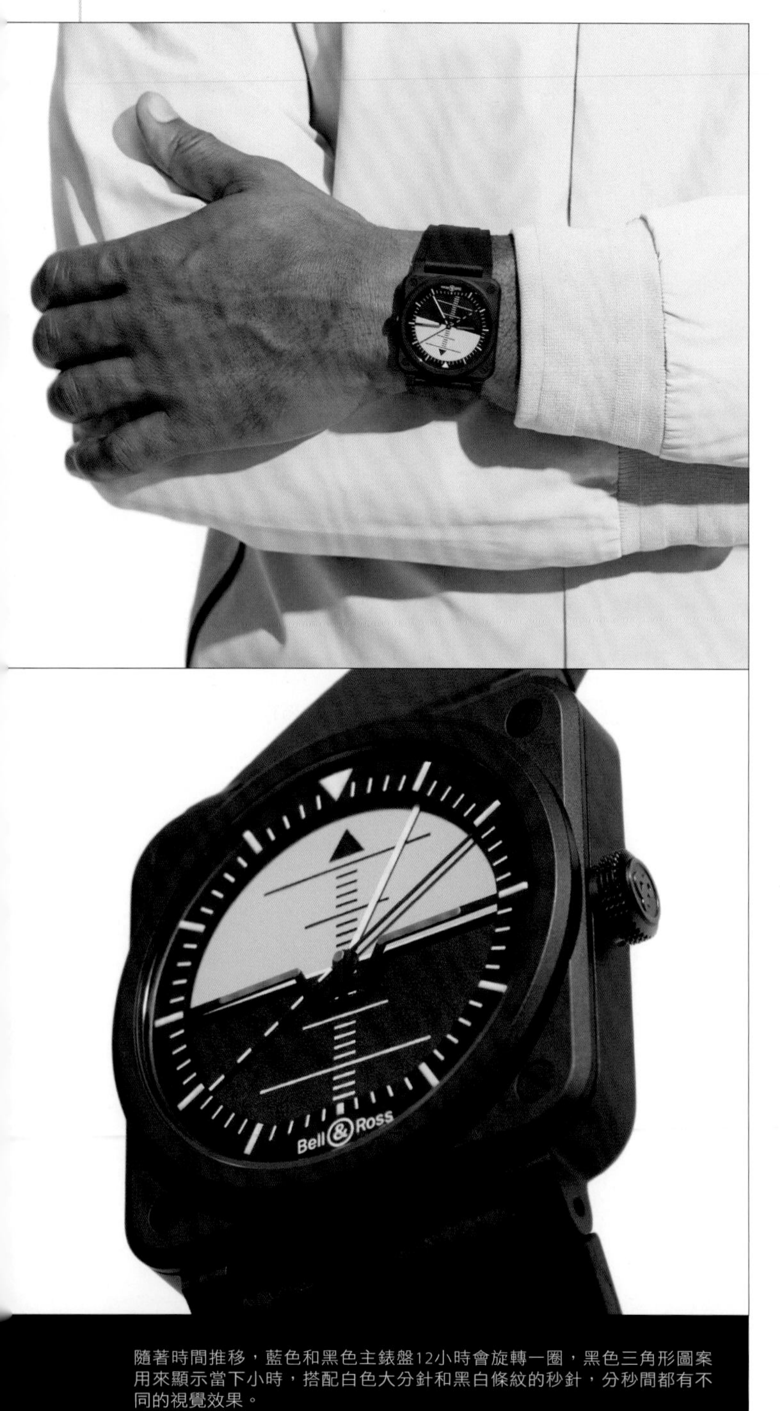

隨著時間推移，藍色和黑色主錶盤12小時會旋轉一圈，黑色三角形圖案用來顯示當下小時，搭配白色大分針和黑白條紋的秒針，分秒間都有不同的視覺效果。

BELL & ROSS在2010年開始推出飛行精神更為鮮明的Flight Instruments系列，將航空導航儀器融入錶盤設計之中，自推出後即廣受錶迷青睞，歷年來共推出了十多款具備鮮明特色的腕錶之作。2024年品牌為此系列增添最新成員BR 03 Horizon，將飛機儀錶板上最重要的儀器之一也就是人工地平儀，巧妙的微縮於錶盤之上，象徵性的圖形表達飛機在天與地之間的空間方位。

飛機駕駛艙中的人工地平儀是一個用來顯示飛機空間定位的重要儀器，其上半部分為象徵天空的藍色，下半部分為黑色代表大地，兩條紅線則表示飛機的機翼位置。BR 03 Horizon不僅在外觀設計上具備飛行儀錶的精髓，其功能設計也同樣精準嚴謹。腕錶的刻度盤配有白色大分針和黑白條紋的秒針，天藍色錶盤部分的黑色三角標記則用來顯示小時，為此天空藍和黑色錶盤每12小時會旋轉一圈，隨著時間推移，錶盤每分每秒都會展現出不同的視覺變化效果。承襲品牌稍早之前發佈的演進版BR 03，Horizon同樣以41毫米進化版的錶殼現身，錶耳則由4.5毫米減至4毫米，而且錶殼較為纖薄，錶殼和錶圈的圓角切面顯得較為明顯，搭載的BR-CAL.327自動機芯具備更長的儲能性能，即便過了周末兩天仍然有足夠動力準確運行。BR 03 Horizon，由內而外徹底滿足錶迷的需求。

BR 03 Horizon腕錶

直徑41毫米微噴砂黑色陶瓷錶殼／時間指示／BR-CAL.327自動機芯、儲能54小時／防水100米／一條黑色橡膠錶帶、一條橙色魔術貼錶帶／限量999只／參考價NT$152,000

BIVER

Biver Automatique

銳利線條圓中帶剛．細節打磨的上乘技法．華麗靈動機芯結構

近代被公認最懂得創造品牌價值的傳奇人物Jean-Claude Biver，2023年所自創的全新鐘錶品牌BIVER，去年推出的首款作品Carillon Tourbillon Biver鐘琴陀飛輪三問報時腕錶，在功能上一舉拉高自創品牌的門檻，並以鋒芒畢露的線條設計，霸氣登場。2024年，BIVER這次回歸時間本質，推出三針腕錶Biver Automatique，示範越簡單的功能，也更能展現品牌與眾不同的美學觀點。

藉由銳利筆直的指針、立體時標和錶耳線條，讓圓形錶殼也擁有高辨識度，貴金屬打造的錶盤和錶殼採用不同工法裝飾而成，鏡面拋光、和拉絲處理層層疊疊的展現上乘質感和深邃效果，突顯貴金屬千變萬化的視覺效果。以此為舞台，手工鑲貼18K黃金時標與指針，都鍍上煤黑色塗層以提升易讀性，12點鐘位置則鑲貼了手工拋光的BIVER標誌，外圈則鑲有18K黃金軌道式刻度。錶殼為正裝感十足的39毫米，加上厚度僅有10毫米，彰顯纖薄優雅的設計。翻至底蓋則可欣賞到同樣令人驚嘆的全新JCB-003機芯，具備弧形起伏的橋板線條，夾板上和22K金自動盤以機刻飾紋妝點上細膩至極的紋路，其中夾板上巴黎釘紋大小不同、起伏有致地一圈一圈從微型自動盤中央向外延伸，增添機芯布局的靈動感。從錶殼和機芯細節就可展現一款簡單的錶款，也可如此耐人尋味。

Biver Automatique自動錶

直徑39毫米950鉑金錶殼、藍寶石水晶底蓋／18K白金實心錶盤／時間指示／JCB-003自動機芯、22K金微型自動盤、儲能65小時／防水80米／參考價NT$3,300,000

Biver Automatique自動錶

直徑39毫米18K玫瑰金錶殼、藍寶石水晶底蓋／18K玫瑰金實心錶盤／時間指示／JCB-003自動機芯、22K金微型自動盤、儲能65小時／防水80米／參考價NT$3,170,000

BREITLING

Super Chronomat超級機械計時B19萬年曆腕錶44 140週年版

全新B19萬年曆計時機芯・誌慶140週年・首只鏤空錶盤設計

百年靈為了慶祝品牌誕生140週年，從上半年便開始陸續推出多款新品，而真正的重頭戲則聚焦在下半年才曝光的B19萬年曆計時機芯，以及搭載該枚機芯同步登場的Premier璞雅、Navitimer航空計時和Chronomat機械計時三款140週年限量版腕錶。其中Super Chronomat超級機械計時B19萬年曆腕錶更是百年靈首度採用鏤空錶盤的設計，突顯此枚全新機芯的超複雜結構。

全新的B19機芯，是品牌首款萬年曆超複雜機芯，同時結合百年靈專長的計時功能，具備全日曆和月相顯示，可自動校正包括28、30、31天的月份和閏年，並擁有約96小時的長動能。該機芯完全在百年靈精密時計中心（Breitling Chronometrie）完成設計和組裝。百年靈自2009年開始生產自製機芯，每一枚機芯均獲有瑞士官方天文台（COSC）認證，全新的B19機芯也不例外。

Super Chronomat超級機械計時B19萬年曆腕錶44 140週年版是三款限量作品中，最具硬漢風的一款，醒目特出的單向旋轉錶圈以陶瓷材質製成，錶圈上有著標誌性的突起指示器，該設計最初是為避免飛行員因開啓機艙蓋導致腕錶撞擊駕駛艙造成破損，因此它還兼具保護錶鏡的作用。錶背可見到B19機芯的22K金擺陀上，飾有百年靈位於瑞士拉紹德封蒙柏朗大街的蒙柏朗製錶廠刻紋，錶帶則是經典「Rouleaux」鍊帶的橡膠版本，兼具配戴性與辨識性。

上圖：Super Chronomat超級機械計時B19萬年曆腕錶44 140週年版是百年靈首度採鏤空錶盤設計的腕錶。
下圖：B19機芯擺陀上飾有百年靈歷史悠久的蒙柏朗製錶廠的雕刻圖案，該建築除了是蒙柏朗製錶廠之外，別墅式住宅的西翼則住著百年靈家族。

Super Chronomat超級機械計時
B19萬年曆腕錶44 140週年版

直徑44毫米18K紅金錶殼、黑色陶瓷單向旋轉錶圈、藍寶石水晶底蓋／灰色鏤空錶盤／時間指示、計時功能、萬年曆／百年靈自製B19自動機芯、22K紅金擺陀、儲能96小時、COSC／防水100米／「Rouleaux」風格橡膠錶帶，搭配18K紅金折疊扣／限量140只／參考價NT$1,967,000

BVLGARI

Octo Roma Grande Sonnerie Tourbillon大自鳴陀飛輪腕錶

報時融入音樂性・全新三全音報時音調・品牌史上最複雜

寶格麗是少數有實力自行打造大小自鳴複雜功能的品牌之一，2024年推出的Octo Roma Grande Sonnerie Tourbillon大自鳴陀飛輪腕錶，將鐘錶複雜功能推向新的高峰。這款腕錶最引人注目的，莫過於其跳脫傳統全新設計的報時音程。

為了突破常見以「西敏寺鐘聲」為報時音調的傳統，寶格麗邀請品牌代言人之一：瑞士指揮家Lorenzo Viotti共同參與設計報時音程，他還親自參與機芯敲擊的聆聽與調校討論，為鐘錶融入音樂理論帶來全新的視角。Lorenzo Viotti採用了古典音樂界別具特色的「三全音」音程，這種被稱為「魔鬼音程」的不和諧音調，與傳統鐘錶的和諧音色形成強烈對比，卻意外地產生了令人耳目一新的獨特聽覺效果。更重要的是，重新賦予報時問錶全新的可能性。

這款全新「四鎚三問大小自鳴陀飛輪」，是寶格麗史上最複雜的腕錶，在尺寸上卻是配戴適中的直徑45毫米、厚度11.85毫米，足見寶格麗令人傾佩的扎實功底。錶款搭載BVV800手上鍊陀飛輪機芯，報時的敲擊結構與陀飛輪皆置放於錶盤正面，前者置於7點鐘位置，陀飛輪則位於罕見的10點鐘位置。錶殼以鈦金屬材質打造，配以鏤空設計的面盤，以確保報時敲擊的聲音音色與音量皆能呈現出最理想的效果。

Octo Roma Grande Sonnerie Tourbillon
大自鳴陀飛輪腕錶

直徑45毫米鈦金屬錶殼、藍寶石水晶底蓋／時間指示、大自鳴三問報時、動力儲存指示／寶格麗自製BVV800手上鍊陀飛輪機芯、儲能72小時／防水30米

上圖：BVV800手上鍊陀飛輪機芯將自鳴與報時齒軌結構放置於錶背面。
下圖：Octo Roma Grande Sonnerie Tourbillon大自鳴陀飛輪腕錶殼型設計獨特，將底蓋與錶耳合為一體。

CARTIER

Cartier Privé系列Tortue單按鈕計時碼錶

全新單按鈕計時機芯．Tortue錶殼首現Cartier Privé．龜形結構表裡如一

每年都讓錶迷引頸期盼的Cartier Privé系列，最新成員Tortue單按鈕計時碼錶，兩大亮點成為必然脫穎而出的入選之作－久違的龜形錶殼再現傳奇，搭載全新龜形機芯成為此系列首只單按鈕計時碼錶。

為了完美保留Tortue流線完美的錶殼線條，特別研發製作的全新1928 MC機芯是專為Tortue龜型錶殼量身打造，機芯編號也格具意義，1928年，卡地亞首次在Tortue腕錶上搭載單按鈕計時複雜功能。之後卡地亞又於1998年開始陸續發表多款CPCP Tortue單按鈕計時碼錶，這幾款典藏級腕錶至今仍被公認為是必收藏的夢幻逸品。

承襲過往榮耀，但有別於之前是採用圓形計時機芯，這枚1928 MC手上鍊機芯和錶殼相同具備龜型外型，更顯珍藏價値，厚度僅4.3毫米是卡地亞最纖薄的機芯之一。灰色調的機芯夾板和橋板裝飾相當精緻，也和正面錶盤相互輝映，彎曲弧形的日内瓦裝飾讓機芯多了一抹優雅風情，機芯齒輪上演著精密運作的迷人景象。其中的導柱輪尤為引人矚目，為負責調節各項計時槓桿功能的關鍵部件，製作和調校難度極高，可謂一項真正的技術挑戰。為了向初代Tortue單按鈕計時碼錶致敬，此款腕錶和兩針錶款一樣採用蘋果式指針，採用雙圈計時碼錶設計，有別於兩針款式的軌道式分鐘和時標依循著Tortue形狀錶盤，圓形分鐘軌道被置於羅馬數字時標外圈，讓錶盤更顯生動。

Cartier Privé系列Tortue單按鈕計時碼錶

直徑43.7×34.8毫米950鉑金錶殼、錶冠鑲嵌紅寶石、藍寶石水晶底蓋／時間指示、單按鈕計時碼錶／1928 MC手上鍊機芯、儲能44小時／限量200只

Cartier Privé系列Tortue單按鈕計時碼錶

直徑43.7×34.8毫米18K黃金錶殼、錶冠鑲嵌藍寶石、藍寶石水晶底蓋／時間指示、單按鈕計時碼錶／1928 MC手上鍊機芯、儲能44小時／防水30米／限量200只

CHANEL

J12 Couture Workshop Automaton Caliber 6腕錶

動偶結構．高級製錶遇上高級訂製服．香奈兒女士人偶

香奈兒今年以品牌根源——「高級訂製時裝」為主題，推出含括多款新品的Couture O'Clock系列，其中又以J12 Couture Workshop Automaton Caliber 6腕錶首度挑戰動偶結構，成為其中的話題錶款。

J12 Couture Workshop Automaton Caliber 6腕錶以香奈兒康朋街工作室為場景。在這款腕錶中，康朋街的工作坊直接被微縮進盤面裡，盤面背景共有5層，所有背景裝飾皆使用模板或凸版印刷。香奈兒女士旁是一個訂製服人檯，上面掛著工作到一半的外套，空間角落放有斜紋軟呢、山茶花印花布料，斜格紋磁磚地上則散落著裁剪下的外套布料；香奈兒女士身著經典套裝與飾有緞帶的黑色短沿帽，一手插腰，另一手高舉著裁縫剪刀。按下8點鐘位置按鍵後，香奈兒女士靈動地開始工作，訂製服人檯也同步升降，演繹20秒工作坊內的忙碌節奏。

此錶搭載的全新 Caliber 6 機芯花費了香奈兒製錶廠五年時間研發，以 Monsieur Caliber 1自製機芯為基礎。由於加入了自動人偶結構，機芯佈局需要重新全盤規劃，面盤上以20個模板、總共五層的零組件，在動偶結構作動開始後，速度也必須與機芯其他零件的運作頻率達成一致。錶帶特別採用霧面陶瓷材質，鍊節的斜面經拋光處理，以強調霧面和亮面黑間的光澤對比。

上圖：錶殼與錶鍊採用霧面黑色陶瓷以強調輪廓，每一零件皆施以斜角拋光，創造出更為細膩的層次感。
下圖：J12 Couture Workshop Automaton Caliber 6腕錶所搭載的香奈兒自製Caliber 6手動上鍊機芯，是以Monsieur Caliber 1為基礎，加入動偶模組後再重新設計的新機芯。

J12 Couture Workshop Automaton Caliber 6腕錶

直徑38毫米黑色霧面抗磨陶瓷錶殼、黑色塗層處理精鋼錶圈鑲鑽、藍寶石水晶底蓋／時間顯示、20秒動偶裝置／香奈兒自製Caliber 6手動上鍊機芯、儲能約72小時／防水50米／限量100只

FRANCK MULLER

Long Island Evolution Master Jumper鈦金屬腕錶

三重瞬跳視窗．多層次錶殼結構．字體闡述當代美學設計

三枚立體綠色視窗邊框重點標註著三重瞬跳視窗，分別顯示小時、分鐘和日期，並以綠色和白色字體標註著不同的顯時功能和機芯零件。

三款全新發表的亞太限定款Long Island Evolution，正如錶名一樣，前衛摩登的現代美學和獨特的錶殼結構，讓錶款有著大幅度的躍進演化，其中一款具備三重瞬跳視窗分別顯示小時、分鐘和日期的Master Jumper，就功能面來說更讓人眼睛為之一亮。儘管高級腕錶早已提供了三重瞬跳顯示功能，但只限於萬年曆的日曆功能，而同時具備三重瞬跳顯示時間和日期功能可謂前所未有。FRANCK MULLER首次在內錶圈增設藍寶石水晶錶鏡，提升了腕錶的立體感，不僅展示了鏤空機芯，同時也以充滿高科技感的外觀呈現了瞬跳的技術特色。三枚立體綠色視窗邊框重點標註著三重瞬跳視窗，分別顯示小時、分鐘和日期，並以綠色和白色字體標註著不同的顯時功能和機芯零件，藍寶石水晶錶鏡印上特別為這款腕錶設計的Calibre FM 3100機芯詳情，以創新方式闡述其技術特色。因為顯時盤跳動的時候需要大量能量，為此品牌特別為此枚機芯設置了兩個發條盒。

此外全新結構的內部錶殼不僅為機芯提供了額外保護及防震功能，同時也帶來了多層構造的另一好處，它能讓確保藍寶石水晶錶鏡完美貼合安裝於錶殼邊緣，而無需使用可見的固定螺絲，展現純粹通透、大氣奔騰的錶面設計。陽極氧化處理的鋁製內部錶殼呈現出炫目的松綠色，而鈦金屬外殼則經過黑色PVD及磨砂處理。

Long Island Evolution Master Jumper 鈦金屬腕錶

直徑35.3×48.1毫米黑色PVD鈦金屬錶殼、綠色陽極氧化處理錶圈、藍寶石水晶底蓋／時間指示、跳時、跳分與日期顯示／MVT FM 3100-L手上鍊自製機芯、儲能30小時／防水30米／亞太區限定100只／參考價NT$3,168,000

HUBLOT

Big Bang Unico左冠陶瓷計時碼錶

左冠限量翻轉佈局．紅白彩色陶瓷．UNICO碼錶機芯

HUBLOT宇舶錶近年動作頻頻，所推出的新品也多具話題性，其中以台灣市場為全球首發的Big Bang Unico左冠陶瓷計時碼錶，絕對是2024年的風雲計時碼錶。宇舶以拿手的高階彩色陶瓷，打造有如勝利色彩的白紅色造型，並以反轉傳統計時碼錶的配置，將計時碼錶的按把配置移到錶款左側，是宇舶計時款中罕有的特別版。

從陶瓷錶殼、橡膠錶帶、中間Kavlar纖維層到錶盤外緣的分鐘（計時秒）標示環，全部以白色為主色。陶瓷錶圈則以紅色提高整只錶的視覺亮度，顏色表現充滿活力又並非鮮亮紅，適合不同年齡層配戴。再加上白色錶殼與錶圈正面以啞光霧面，僅在錶圈側面以亮面拋光，配戴時僅有錶圈側面呈現反光效果，為錶款創造出低調卻不失層次的光影表現。

Big Bang Unico左冠陶瓷計時碼錶所搭載的機芯則是完全由宇舶設計、研發並製造的明星機芯：UNICO碼錶機芯，這枚機芯一如「Unique」，濃縮了宇舶獨特、不落俗套、新世代美學以及製錶實力的所有精髓。翻轉佈局的左冠設計不僅方便了左手慣用者，對右手慣用者而言，在操作上亦意外地更順手。目前鐘錶市場上，搭載高階精準碼錶機芯，又以左冠翻轉配置亮相的優質碼錶，可遇不可求，其打破傳統佈局的創新設計，在操作便利性上也為左手與右手佩戴者提供了更靈活的使用體驗。何況這款腕錶還是一只少見以紅白配色呈現的陶瓷材質錶款，全球僅限量35只，稀有度更勝頂級超跑。

Big Bang Unico左冠陶瓷計時碼錶

直徑42毫米拋光白陶瓷錶殼、錶背、紅陶瓷錶圈／時間指示、計時碼錶、日期顯示／HUB1280飛返計時導柱輪自動機芯、儲能72小時／防水100米／白色立體橡膠錶帶／限量35只／參考價NT$812,000

上圖：Big Bang Unico左冠陶瓷計時碼錶所搭載的UNICO碼錶機芯，是宇舶自製實力的象徵。
下圖：宇舶是目前市場上掌握彩色陶瓷製作技術最成熟的品牌，紅白吸睛配色突顯了精湛的彩色陶瓷工藝。

JACOB & CO.

Bugatti Tourbillon

藍寶石水晶V16引擎．高速運轉裝置．車錶合一體現熱血競速

JACOB & CO.與超跑車廠Bugatti，再次強強聯手推出Bugatti Tourbillon陀飛輪腕錶，按下6點鐘位置的按鈕，就可啓動V16 氣缸引擎裝置高速運轉。錶盤上方則分別為飛行陀飛輪、走時與引擎裝置雙儲能指示，以及仿跑車轉速表的逆跳小時與分鐘顯示，相較第一代除了陀飛輪提升至30秒旋轉一圈，引擎裝置更為醒目吸睛，鈦金屬錶殼造型也更符合人體工學。這款在腕間啓動超跑引擎的熱血競速，再次彰顯品牌打造前所未見且令人瞠目結舌作品的製錶理念。

這款腕錶與Bugatti最新發表的超級跑車Bugatti Tourbillon同名，且設計研發時兩個品牌以緊密同步的方式，展現車錶合一的完美境界，同時融合了工藝美學、機械結構及極致性能，不斷突破頂級製錶與超級跑車的既有框架。腕錶包含了Bugatti Tourbillon車款的技術成就、複雜機械和流線外觀，並將其轉化為可佩戴的超級引擎。其最顯著的特色包括壓下6點鐘位置的按鈕，就可讓錶盤下方視覺主焦點的V16 氣缸引擎藍寶石水晶自動裝置開啓高速律動，每次運行15秒，滿鍊狀況下引擎可啓動10次；品牌首枚以30秒繞行一圈的高速運轉飛行陀飛輪，上面覆蓋一枚藍寶石水晶錶鏡；雙重動力儲能指示兩枚紅、藍色指針分別顯示走時和仿造超跑引擎裝置的動能；仿跑車轉速表的逆跳小時與逆跳分鐘顯示，位於錶盤正上方。

錶盤左上為30秒陀飛輪、上方為小時與分鐘雙逆跳指示、右上為雙重動力儲存指示，下方為一整塊藍寶石打造而成的V16氣缸引擎自動裝置，由6點鐘位置按鈕啟動高速運轉。

Bugatti Tourbillon陀飛輪腕錶

直徑52×44毫米黑色PVD鈦金屬錶殼、藍寶石水晶底蓋／逆跳小時與分鐘指示、雙重動力儲存指示／JCAM55手上鍊30秒陀飛輪機芯、48小時儲能／限量150只／參考價NT$12,000,000

LONGINES

Conquest Heritage 中央動力儲存指示腕錶

中央雙轉盤動力儲存指示·70週年經典復刻·透明底蓋

浪琴表製錶歷史悠久，旗下衆多錶款更是充滿精彩的故事。今年是旗下Conquest 系列誕生70週年，浪琴從1959年曾發表的一款型號9028 Conquest腕錶取得靈感，當時此款腕錶配備了浪琴獨家研發的「中央動力儲存指示」，盤面中央具有醒目且獨特的儲能指示功能，此「中央動力儲存指示」功能，在當時絕對是革命性的創舉，與常見的扇形動力儲存顯示不同，這款腕錶將動力儲存在中央轉盤上以精準小時指示動能的狀態，不僅賦予了腕錶一種獨特的佈局，更是藉以傳遞時光流逝的意涵。

錶款中央的動力顯示區域以雙轉盤方式運作，外圈隨上鍊時同步轉動，以尾端較寬的棒型指示對應數字呈現動力剩餘時間（從64至0）。浪琴原汁原味的復刻了型號9028的外觀，除了延續經典設計，浪琴罕有地為這款腕錶採透背設計，可一覽所搭載的L896.5自動機芯。這枚機芯具有超越ISO 764標準的十倍抗磁效果，在性能上也可圈可點，展現浪琴表對製錶技術的追求，也喚起了人們對品牌歷史的共鳴。共推出香檳色、無煙煤色或黑色三種面盤選擇，相當值得收藏。

上圖：獨創特殊的動力儲存指示功能，是由面盤中央兩個可分別旋轉的圓盤呈現。
下圖：搭載浪琴表L896.5機芯，配備矽游絲與創新零件，並提供比ISO 764抗磁標準高十倍的抗磁性能。

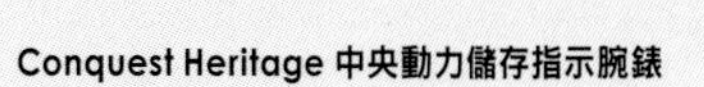

Conquest Heritage 中央動力儲存指示腕錶

直徑38毫米精鋼錶殼、藍寶石水晶底蓋／時間指示、日期顯示、中央動力儲存指示／L896.5自動機芯、儲能72小時／防水50米／參考價NT$129,500

MORITZ GROSSMANN

Tourbillon Tremblage陀飛輪腕錶

三分鐘逆時針可停秒飛行陀飛輪・顫動工法手工製面盤・專屬限量孤品

來自德國的MORITZ GROSSMANN，是少數有實力能自製超過90%零件的小眾品牌，甚至還具備供應其他品牌零件的能力，堪稱當前德式頂級製錶的代表品牌之一。品牌創作多啓發自19世紀製錶大師Moritz Grossmann，秉持簡約設計的美學，專注於精湛的工藝和卓越的複雜功能。其標誌性設計包括附設停秒裝置的手動上鍊系統、側按鈕重新啓動走時功能、白色藍寶石軸承及經過紫棕色退火處理的指針，這些細節彰顯品牌獨特風格。

今年，MORITZ GROSSMANN特別為台灣代理公司瑞博品打造了十週年紀念版腕錶——Tourbillon Tremblage Royal Blue。該款錶搭配藍色德國銀錶盤，並以Tremblage手工顫動雕刻技法刻繪精美紋飾。透過6點鐘位置的鏤空視窗，展現16毫米超大直徑框架的3分鐘陀飛輪。陀飛輪兩側分別設有偏心小時和小秒盤，錶盤外圈設置的分鐘軌道圈則由置中的分針指示。由於6點鐘位置的陀飛輪視窗切口，25至35分鐘的刻度被移至錶盤中央，並由分針的纖細末端精準指示，這種已取得專利的「雙分鐘顯示功能」成為品牌的標誌性特色之一。

更具巧思的是，負責陀飛輪停秒裝置的零件選用了人類髮絲材質。當品牌團隊在尋找能快速停止擺輪且不會造成損傷的材質時，創辦人靈機一動，使用了髮絲，為這個創新的停秒裝置添加了獨特且富有創意的細節。

上圖：錶盤採用了歷史悠久的Tremblage雕刻技法，透過不同雕刻刀具，手工精心打造，透過顫動技術呈現出細膩的啞光質感，每個錶盤的製作耗時超過100小時。
下圖：所搭載的103.0型手上鍊機芯佈局簡約優雅，細節打磨極為講究。

Tourbillon Tremblage陀飛輪腕錶

直徑44.5毫米18K玫瑰金錶殼、藍寶石水晶底蓋／德國銀面盤、內側錶盤經Tremblage顫動工法手工雕刻／時間指示／103.0型按鈕式手上鍊陀飛輪機芯、儲能72小時／限量1只

MONTBLANC

Iced Sea系列零氧腕錶Deep 4810

4,810米防水致敬品牌起源．自製MB 29.29機芯首次曝光．零氧封裝錶殼

萬寶龍首款主打潛水錶形象的Iced Sea系列，於2022年第一次曝光，獨特手工打造的錶盤紋路，靈感來自於白朗峰山脈的Mer de Glace冰川，成功的讓更多錶迷關注萬寶龍腕錶。今年為了致敬白朗峰的海拔高度4810公尺，並讓此系列錶款的專業潛水錶形象更為鮮明，推出防水高達4,810米的Iced Sea系列零氧鈦金屬腕錶Deep 4810，為了符合ISO 6425潛水錶認證，實際的防水深度必須多增加25%，這意味著這款錶具備超過6,000米的深度。為了達到如此令人驚嘆的防水性能，43毫米錶殼確保腕錶的強悍耐用性和醒目外貌，鈦金材質的優異特性也讓實際配戴時相當輕盈舒適，另外值得特別注意的是，這也是品牌首度推出自製MB 29.29自動機芯，儲能高達120小時並經過瑞士天文台認證。這款Deep 4810腕錶因為要藉由特別的儀器進行測試高防水深度，所以每年產量相當有限，彌足珍貴。

此外可從錶鏡上的淡藍色外圈，辨識出錶殼內部為零氧封裝特性，萬寶龍品牌大使世界自由潛水冠軍William Trubridge就配戴Iced Sea系列零氧腕錶Deep 4810潛入冰川水域，他解釋說從水面快速下潛到深海時，會有劇烈的溫度變化，這會導致手錶內部起霧，但配戴Deep 4810就可完美的避免此一問題，以著名探險家的佩帶體驗，實證此款腕錶過人的強悍性能。

Iced Sea系列零氧腕錶Deep 4810

直徑43毫米鈦金屬錶殼、雷射雕刻後底蓋／時間指示、日期顯示／自製MB 29.29自動機芯、儲能120小時、C.O.S.C.天文台認證／防水4,810米／參考價NT$299,100

為了致敬白朗峰的海拔高度，萬寶龍推出防水高達4,810米的Iced Sea系列零氧鈦金屬腕錶Deep 4810，並具備零氧封裝錶殼。

PATEK PHILIPPE

5160/500R-001腕錶

逆跳日期萬年曆・源自古董懷錶的金雕圖案・化繁為簡設計美學

5160／500R-001的18K玫瑰金錶殼，包括錶圈、錶冠、錶側、錶耳和錶扣都手工金雕有華麗細膩的圖案，靈感源自百達翡麗日內瓦博物款典藏的一款427懷錶。

Nautilus絕對是市場上最為火熱的系列錶款，但百達翡麗之所以可被公認為錶王，更是憑藉著傲視群雄的複雜功能研發實力，並持續探索巔峰極限。另外，身為瑞士傳統工藝的守護者，舉凡金雕、大明火琺瑯、珠寶鑲嵌都是箇中翹楚。2024年，品牌以一款極具代表性的夢幻逸品5160／500R-001，持續呈現傳統金雕工藝和大複雜功能之雙重饗宴。

就功能面來說，錶盤上最引人入勝的逆跳日期指示盤，其可追溯至品牌於1932年推出的96腕錶，和時分指針同軸的日期逆跳指針，以大幅度的角度展現逆跳結構之美和複雜難度，閏年、月份、月相和星期顯示盤則位居錶盤四個角落，展現對稱之美，可將如此複雜的功能，化繁為簡的呈現於錶盤之上，凸顯品牌過人的設計美學實力。此外，在傳統裝飾工藝的拿手絕技更是令人驚艷不已，可掀式18K玫瑰金軍官底蓋，雕刻有細膩優雅的圖騰和PATEK PHILIPPE字樣，錶圈、錶側、錶耳、錶冠、錶扣和銀調乳白色中央錶面盤也都雕刻有相同藤蔓飾紋，圖案靈感取材自百達翡麗日內瓦博物款收藏的一款427懷錶。在不斷研發創新的同時，也積極的為當今時計挹注過往珍貴傳統，為典藏級之作的絕佳範例。

5160／500R-001逆跳日期萬年曆腕錶

直徑38毫米18K玫瑰金錶殼、藍寶石水晶底蓋、軍官式18K玫瑰金底蓋／時間指示、萬年曆、逆跳日期、月相盈虧／26-330 S QR自動機芯、儲能45小時／防水30米

PANERAI

Submersible Elux LAB-ID PAM01800

發條能量轉換電力發光．明暗一指掌握．史無前例30分鐘按需夜光

自2017年以來，光是以夜光為主題，沛納海之前就發表過三款LAB-ID概念腕錶，最新款Submersible Elux LAB-ID PAM01800再次彰顯深具實驗性和突破前瞻的創新研發。

一般夜光塗層會隨著時間慢慢地削弱發光能力，沛納海最新發布的PAM01800，可隨錶主需求讓夜光功能在任何時刻開啓或關上，因是由發條盒動能來驅動，意味著其可由手上鍊的方式來為腕錶隨時補充發光電力。除了靜止狀態的時標，移動的指針(已取得專利)和動力儲存指示器也會發光，可想而知其複雜性，為此這款錶的指針造型也格外不同，也比典型的指針要厚一些，因為其需要裝入微小的發光元件。此外，轉動潛水錶標誌性的單向旋轉錶圈時，60個獨立的發光源會隨之依循點亮，特別的是，錶圈上的60枚圓點夜光並不是全部同時發光，因為這樣會消耗大量能源，為此品牌採用了一種正在申請專利的解決方案，來確保只有夜光點下方的燈光亮起，夜光機制開啓時，錶圈僅會點亮15枚夜光，來減省能量的耗損。因為按需電動機制非常耗電，Submersible Elux令人印象深刻特點就在於其處於滿電狀態下，能連續照亮整整30分鐘。相比之下，之前有其它品牌採用相同原理的的錶款在幾秒鐘後就會熄滅，高下立判，也讓此款錶毫無懸念的入選二十大錶款。

隨按即亮且可發光長達30分鐘的機制由機械動力儲存系統驅動，只要打開專利按把保護系統並按下按把，由沛納海創意工坊研發的發光機關就會亮起。

Submersible Elux LAB-ID PAM01800

直徑49毫米藍色Ti-Ceramitech™鈦金屬陶瓷材質錶殼、單向旋轉錶圈與底蓋、底蓋標誌ELUX字樣／時間指示、隨按即亮的動能發光功能可達30分鐘、按需發光直線儲能指示／P.9010／EL自動機芯、6枚發條盒、3日儲能、停秒功能／防水500米／限量150只／參考價NT$3,344,000

PIAGET

PIAGET Polo 79腕錶

Polo經典元素再現・全18K黃金材質 ・1200P1超薄自動機芯

PIAGET Polo 79腕錶之成為今年的話題錶款之一，不僅是其經典設計的回歸，更在於它代表了奢華與運動風格完美融合的創舉。誕生於1979年，PIAGET Polo系列自推出即以大膽的設計和創新的技術贏得了全球矚目。其一體成型的錶殼與錶帶設計，以純金打造，結合啞光與拋光的獨特視覺效果，成為當時上流社會和皇室貴族的寵兒。這款錶不僅是一只腕錶，更是一種生活方式的象徵，體現了Yves Piaget對馬球運動的致敬與對奢華休閒風尚的詮釋。

45年後，為慶祝品牌創立150週年，伯爵再次推出PIAGET Polo 79，這一款延續經典的作品不僅回歸純粹設計，還在結構上進行了現代化改造。錶徑擴大至38毫米，錶殼兩側增加了開槽設計，賦予其更現代的運動感，同時保持了原有的優雅特質。PIAGET Polo 79以18K黃金打造，延續其奢華傳統，而精緻的裝飾工藝，如拉絲鍊節與拋光細節的交錯運用，進一步增強了其視覺吸引力，讓每個角度都呈現出動態光影效果。不僅美學上表現傑出，其經典元素的再現也使其脫穎而出。PIAGET Polo 79承載了伯爵數十年的工藝傳承與設計哲學，成為了那些追求優雅與運動風尚的收藏家和行家的夢幻之作。

上圖：PIAGET Polo 79腕錶交錯拋光與裝飾加工的精緻度，構成整只腕錶獨特的視覺效果。
下圖：伯爵為PIAGET Polo 79搭載了自製的1200P1上鍊機芯，機芯厚度僅2.25毫米，並採用藍寶石水晶底蓋。整款腕錶從錶鏈、錶盤和指針均採用18K黃金材質打造，向首款Polo腕錶致敬

PIAGET Polo 79系列
18K 黃金超薄自動上鍊腕錶

直徑38毫米18K黃金錶殼、鍊帶、錶盤、指針／時間指示／伯爵自製1200P1超薄自動機芯、儲能44小時、黃金自動盤／防水50米

RICHARD MILLE

RM 27-05 Rafael Nadal飛行陀飛輪腕錶

Carbon TPT® B.4創新材質再升級．重量11.5克．可承受超過14,000G的加速度衝擊

RICHARD MILLE與網球天王納達爾的合作，早已是鐘錶界傳奇。從2010年的RM 027開始，雙方共同追求著極致輕量化與抗衝擊性能的腕錶。今年全新推出的RM 27-05 Rafael Nadal飛行陀飛輪腕錶堪稱又推向新的高峰。

RM 27-05的設計理念以「輕量化」與「抗衝擊性」為主軸，因此採用了全新一代的Carbon TPT® B.4複合材料。這是RICHARD MILLE與瑞士合作夥伴North Thin Ply Technology公司（NTPT™）聯手研發五年所開發的新型複合材質。這種材料的纖維排列經過精密的計算，使其具有極高的強度和剛性，同時又極為輕盈，與Carbon TPT®碳纖維相比密度提高了4%，纖維剛性增強了15%，樹脂強度提升了30%。這些改進一方面大幅減輕了腕錶的重量，另一方面則進一步提升了抗衝擊性能。這種材料的纖維排列經過精密的計算，使其具有極為輕盈，又兼具高強度和剛性的特質。

除了錶殼成功減重外，RM 27-05所搭載的機芯的設計更具創新性，所搭載的機芯以RMUP-01超薄機芯為基礎重新設計，每一處細節經過精心計算和優化後，整體厚度僅3.75毫米，重量才3.79克。鏡面採用了比藍寶石水晶玻璃更輕的PMMA錶鏡，使這款腕錶實現創紀錄的抗衝擊性和輕盈度，實現總重僅有11.5克、可承受超過14,000G加速度衝擊力的輕薄錶款。

RM 27-05 Rafael Nadal飛行陀飛輪腕錶

37.25×47.25毫米Carbon TPT® B.4錶殼、PMMA錶鏡／時間指示、抗震超過14,000 g／RM 27-05手上鍊陀飛輪機芯、儲能55小時／限量80只

上圖：RM 27-05以全新複合材質Carbon TPT® B.4打造錶殼，機芯以RMUP-01超薄機芯為基礎進行優化，以鈦合金製成底板，部分零件採用Carbon TPT®碳纖維材質 。
下圖：十餘年來，RICHARD MILLE與Rafael Nadal攜手突破製錶工藝的極限，將腕錶的輕量化推向了一個前所未有的高度。

ROLEX

Perpetual 1908

冰藍色機雕面盤．尊貴鉑金材質．勞力士7140型自動機芯

上圖：錶圈分兩部分，外圈飾有三角坑紋，內環則是圓拱形，與冰藍色機刻雕花面盤相呼應。
下圖：Perpetual 1908腕錶搭載7140型自動機芯，獲有頂級天文台精密時計認證。

勞力士除了運動風格，搖身走斯文路線同樣氣質出衆。勞力士旗下系列錶款中，以正裝風格為設計、定位高端的Perpetual 1908腕錶，今年新款改以冰藍色面盤加上細緻優雅的機雕工藝裝飾錶面，進一步強化了這款錶的優雅風格，也讓Perpetual 1908定位愈加明確。可說是今年最美的勞力士腕錶之一，並且引起廣泛討論。

新款Perpetual 1908腕錶的錶殼與錶盤以950鉑金打造，上面的麥穀粒機雕紋路，以小秒盤為中心向外擴散，穀粒紋隨著擴散比例逐漸變大，凹凸紋路在盤面上形成的光影對比，創造出特殊的漸層變化，錶面的分鐘刻度軌道內外周圍飾有一圈精美的波形花紋邊框，呼應盤面的麥穀粒機雕紋，相當漂亮。時標為18K白金材質的阿拉伯數字3、9及12，搭配具有刻面的棒狀時標，指針採用相同的18K白金材質。

Perpetual 1908 腕錶搭載的是2023年推出的7140型恒動擺陀雙向自動機芯，採中央時分與小秒針的配置，鏤空自動盤以18K黃金材質打造，配以Chronergy擒縱系統（專利Syloxi矽游絲），動力儲存為66小時，夾板飾以勞力士日內瓦波紋，相鄰的飾紋之間點綴微磨光坑紋擁有裝殼後每日正負2秒的高精準度，獲頂級天文台精密時計認證。腕錶直徑39毫米，配具950鉑金雙摺扣（Dualclasp）的棕色鱷魚皮錶帶，錶帶內層則是勞力士的品牌綠，為其增添無限魅力。

Perpetual 1908
直徑39毫米鉑金錶殼／冰藍色穀粒紋錶盤／時間指示／勞力士7140型自動機芯、儲能66小時／頂級天文台精密時計認證／防水50米／啞棕色鱷魚皮錶帶／參考價NT$1,079,000

RENAUD TIXIER

Monday系列腕錶

提昇微型自動盤效能．大師與新秀四手聯彈．七大創新的首發之作

著名製錶師Dominique Renaud，也是機芯廠Renaud & Papi的共同創辦人之一，他與年輕的90後天才製錶師Julien Tixier攜手創立了全新品牌RENAUD TIXIER，首發之作針對於當今迷你自動盤上鍊效能不足的問題，成功研發出一種革命性的上鍊系統。品牌的首款系列腕錶被命名為Monday，象徵每週的開始與嶄新的起點，也意味著品牌未來設定了七大創新研發方向。

Renaud研究發現驅動迷你自動盤運轉的能量主要來自其外緣部分，為了解決這一問題，Renaud對迷你自動盤進行了全新設計，將中央部分盡可能加以簡化，並加入了他們研發的「Dancer」裝置。這是一個圓形結構，內部設有特殊的「leg & foot」彈簧系統，在自動盤運動時，彈簧不斷收緊並儲存能量，最終如同彈射器般釋放能量，為自動盤提供更有效能的運轉，此外，還能將腕錶受到的外部撞擊力吸收並轉化為能量，同時擁有抗震並提高機芯上鍊效果的兩大性能。機芯的結構設計精妙，擁有立體感和深邃的視覺效果，為了保證機芯的耐用性和穩定性，三條錶橋採用了鈦金屬。此外，將擺輪以鈀金製成大幅提升了擒縱系統的穩定性，發條盒蓋或施以紫色粒紋琺瑯或機刻飾紋，與錶殼兩側的手工雕刻表面裝飾相呼應，在細節處彰顯工藝之美。RENAUD TIXIER首次發表之作就有讓人眼睛為之一亮的表現，也讓人格外期待未來的其它六大系列發展。

Monday系列腕錶

直徑40.8毫米18K白金或玫瑰金錶殼、藍寶石水晶底蓋／時間指示／ RVI2023自動機芯、儲能80小時、微型自動盤／防水30米

Monday系列腕錶的中心精神，主要針對迷你自動盤進行了全新設計，將中央部分盡可能加以簡化，並加入了他們研發的「Dancer」裝置，可為自動盤提供更有效能的運轉。

ULYSSE NARDIN

Freak S Nomad奇想S行者腕錶

傾斜雙擒縱系統．沙丘色機刻飾紋錶盤．複合式結構與材質錶殼

雅典錶在守護傳統工藝的同時，在開發大膽創新的成就也同樣出色，2001年推出的Freak腕錶就是最好例證，多年來成為雅典錶揮灑創意的最佳舞台。2022年，雅典錶發布一款奇想Freak S玫瑰金腕錶，在沙金石為底的錶盤上，具備傾斜雙擒縱系統和垂直差速器的絕妙結構，雙擺輪以2.5赫茲的頻率不斷振動，彷彿一對翩然起舞的探戈舞者，又如同兩組動力強勁的渦槳發動機，3D立體縱深感。

今年，雅典錶全新發佈沙丘色Freak S Nomad奇想S行者腕錶，由內而外披戴上全新風貌，錶殼主體部分以鈦金屬打造，這種材料既堅固耐用又輕盈，提供絕佳的佩帶體驗；錶圈採用碳灰色PVD鍍層鈦金屬，不僅增添時尚感，還提供了優異的耐磨性；搭配兼作錶耳的錶殼側翼則是由碳纖維製成，不僅在視覺上呈現出時尚的外觀，還具有優異的抗衝擊性和輕量化特性，為腕錶增添了現代感和科技感，此款腕錶採用不同材質打造多件式錶殼結構，讓整只腕錶展現更為豐富有別的層次感。發條盒上蓋也是腕錶的錶盤，這次改以菱形圖案的傳統手工機刻飾紋，並塗覆以沙丘色CVD鍍層，猶如連綿不絕的壯麗沙漠，一架彷彿從外太空奔赴而來的飛行器，科幻感十足的霸氣登場。

發條盒上蓋也是腕錶的錶盤，今年採用菱形圖案的傳統手工機刻飾紋，並塗覆以沙丘色CVD鍍層，襯顯傾斜雙擒縱系統和垂直差速器的律動之美。

Freak S Nomad奇想S行者腕錶
直徑45毫米鈦金屬錶殼、碳灰色PVD鍍層鈦金屬錶圈、碳纖維錶耳、藍寶石水晶底蓋／沙丘色CVD鍍層機刻錶盤／時間指式／自製UN-251飛行卡羅素自動機芯、儲能72小時、兩枚20°夾角超大矽材質擺輪、DiamonSil鑽石矽晶體擒縱／限量99只

VACHERON CONSTANTIN

Les Cabinotiers閣樓工匠The Berkley超卓複雜功能時計

創紀錄63項功能・中國農曆萬年曆・全球最複雜時計

江詩丹頓是目前少數仍堅持日内瓦印記的製錶品牌，了解日内瓦印記對品質的嚴苛要求與審核程序的複雜困難，便知道江詩丹頓這點對大多數的錶廠而言有多麼值得高度敬佩。像江詩丹頓這樣能將日内瓦印記應用於複雜功能時計的品牌，其工藝水準達到了極高的層次，展現出品牌對製錶精度與細膩度的不懈追求。

今年曝光的Les Cabinotiers 閣樓工匠The Berkley 超卓複雜功能時計不僅是江詩丹頓工藝與技術的頂峰之作，共具備62項功能，創下世界紀錄。機芯包含了2,877枚零件，不僅獲得了日内瓦印記認證，最具特色的是首度實現依據中國曆法運作的萬年曆。中國農曆的複雜性在於結合了陰曆與陽曆兩種完全不同的運作週期，這使得其機芯設計格外挑戰。為了實現這項創舉，江詩丹頓耗費了11年的研發時間，將複雜的曆法計算轉化為機械結構，並保證其走時精準至2200年無需調整。

The Berkley超卓複雜時計的幾大功能包括中國曆法與格里高利曆萬年曆、天文曆法、大自鳴、鬧鈴、三軸陀飛輪、追針計時、世界時區等，每一項功能的實現，都需要無比精確的設計與製造流程，尤其在機芯的組裝上，三位大師合作耗時一年，最終成就這款前所未有的時計傑作。

Les Cabinotiers閣樓工匠
The Berkley超卓複雜功能時計

直徑98毫米18K白金錶殼／時間指示、大自鳴三問報時、計時碼錶、中國農曆萬年曆等63項功能／3752手動機芯、儲能60小時／日内瓦印記／獨一無二特別訂製款

上圖：雙面錶盤的The Berkley，融匯 63 項鐘錶複雜功能於一身，刷新參考編號 57260 創下的傲人記錄 。
左右圖：The Berkley超卓複雜功能時計是全球首創以中國農曆運行萬年曆的作品。

2024

Watch Brands Collection

鐘錶品牌
重要作品全輯

A. LANGE & SÖHNE 朗格

發源國家:德國　**創始年份**:1845年　**復興年份**:1990年　**洽詢電話**:(02)8101-7798

Datograph Handwerkskuns
大日曆飛返計時腕錶

直徑41毫米18K黃金錶殼、藍寶石水晶底蓋/Tremblage雕刻黑色鍍銠錶盤/時間指示、大日期視窗、飛返計時碼錶/自製L951.8 型手上鍊機芯、儲能60小時/限量25只

Datograph Perpetual Tourbillon Honeygold "Lumen"萬年曆陀飛輪計時碼錶

直徑41.5毫米18K蜂蜜金錶殼、藍寶石水晶底蓋/時間指示、大日期視窗、月相盈虧、萬年曆、飛返計時碼錶/自製L952.4 型手上鍊機芯、停秒裝置陀飛輪、儲能50小時/限量50只

Datograph Up/Down "Hampton Court Edition" 飛返計時碼錶

直徑41毫米18K白金錶殼與鍊帶、藍寶石水晶底蓋/時間指示、大日期視窗、飛返計時碼錶、60小時儲能指示/自製L951.6 型手上鍊機芯/限量1只

Datograph Up/Down飛返計時碼錶

直徑41毫米18K白金錶殼、藍寶石水晶底蓋/時間指示、大日期視窗、飛返計時碼錶、60小時儲能指示/自製L951.6手上鍊機芯/限量125只

Zeitwerk MinuteRepeater三問腕錶

直徑44.2毫米18K蜂蜜金錶殼、藍寶石水晶底蓋/跳時與跳分顯示、十進制三問報時、36小時儲能指示/自製L043.5型手上鍊機芯/限量30只

Lange 1 Perpetual Calendar萬年曆腕錶

直徑41.9毫米鉑金950錶殼、藍寶石水晶底蓋／時間指示、萬年曆、月相顯示／自製L021.3自動機芯、儲能50小時／防水30米

1815 Rattrapante Perpetual Calendar 追針萬年曆腕錶

直徑41.9毫米18K白金錶殼、藍寶石水晶底蓋／時間指示、萬年曆、追針計時、42小時儲能指示／自製L101.1手上鍊機芯／防水30米／限量100只

Lange 1 Time Zone世界時區腕錶

直徑41.9毫米鉑金950錶殼、藍寶石水晶底蓋／時間指示、大日曆顯示、日夜顯示、72小時儲能指示、兩地時間／自製 L141.1 手上鍊機芯／防水30米

Odysseus Chronograph計時碼錶

直徑42.5毫米精鋼錶殼／時間指示、星期、大日期顯示、中央計時碼錶／自製L156.1自動機芯，50小時儲能／防水120米／限量100只

Zeitwerk腕錶

直徑41.9毫米18K玫瑰金錶殼、藍寶石水晶底蓋／跳時與跳分顯示、72小時儲能指示／自製L043.9手上鍊機芯／限量200只

1815 Rattrapante追針計時腕錶

直徑41.2毫米950鉑金錶殼、藍寶石水晶底蓋／時間指示、追針計時／自製L101.2手上鍊機芯、儲能58小時／限量200只

ARNOLD & SON

發源國家：英國　**創始年份**：1764年　**洽詢電話**：(02)8101-8686

DSTB 42 Platinum Salmon腕錶

直徑42毫米950鉑金錶殼、藍寶石水晶底蓋／時間指示、跳秒／A&S6203自動鏤空機芯、儲能55小時／防水30米／限量38只

參考價NT$2,100,000

Luna Magna Red Gold Meteorite
紅金隕石月相錶

直徑44毫米18K 5N紅金錶殼、藍寶石水晶底蓋／隕石PVD錶盤／時間指示、月相顯示／A&S1021手上鍊機芯、儲能90小時／防水30米／限量38只　**參考價NT$2,202,000**

Ultrathin Tourbillon Skeleton
超薄陀飛輪鏤空腕錶鉑金款

直徑41.5毫米950鉑金錶殼、藍寶石水晶底蓋／時間指示／A&S 8320手上鍊鏤空機芯、儲能100小時／防水30米／限量28只

參考價NT$3,200,000

Longitude Titanium
航海家鈦金屬腕錶蕨綠色腕錶

直徑42.5毫米鈦金屬錶殼與鍊帶、藍寶石水晶底蓋／時間指示、儲能指示／A&S6302自動機芯、COSC、儲能60小時／防水100米／另搭贈綠色橡膠錶帶　**參考價NT$801,000**

Longitude Titanium
航海家鈦金屬腕錶國王沙金色腕錶

直徑42.5毫米鈦金屬錶殼與鍊帶、藍寶石水晶底蓋／時間指示、儲能指示／A&S6302自動機芯、COSC、儲能60小時／防水100米／限量88 只　**參考價NT$841,000**

Ultrathin Tourbillon Gold Silver Opaline
超薄陀飛輪黃金腕錶

直徑41.5毫米18K黃金錶殼、藍寶石水晶底蓋／時間指示／A&S8300手上鍊陀飛輪機芯、儲能100小時／防水30米／限量88只

參考價NT$1,606,000

Ultrathin Tourbillon Dragon & Phoenix
超薄陀飛輪龍鳳戲珠腕錶

直徑42毫米18K紅金錶殼、藍寶石水晶底蓋／異性石錶盤／時間指示／A&S8200手上鍊陀飛輪機芯、儲能90小時／防水30米／限量5只

參考價NT$4,118,000

Time Pyramid 42.5時間金字塔腕錶紅金款

直徑42.5毫米18K金錶殼、藍寶石水晶底蓋／時間指示、雙動力儲存指示／A&S1615手上鍊機芯、儲能90小時／防水30米／限量88只

參考價NT$1,660,000

Perpetual Moon 41.5 Red Gold «Year of the Dragon»恆久月相41.5紅金「龍年」腕錶

直徑41.5毫米18K 5N紅金錶殼／藍色砂金石錶盤／時間指示、月相顯示／A&S1512手上鍊機芯、儲能90小時／防水30米／限量8只

參考價NT$2,200,000

Perpetual Moon 38 Red Gold 腕錶

直徑38毫米18K 5N紅金錶殼、藍寶石水晶底蓋／藍色砂金石面盤／時間指示、月相顯示／A&S1612手上鍊機芯、儲能90小時／防水30米／限量88只

參考價NT$1,364,000

Perpetual Moon 38 Night Tide腕錶

直徑38毫米18K白金錶殼鑲嵌80顆明亮式切割美鑽（2.62克拉）、藍寶石水晶底蓋／釘金體錶盤／時間指示、月相顯示／A&S1612手上鍊機芯、儲能90小時／防水30米／限量18只

參考價NT$2,612,000

ARMIN STROM

發源國家：瑞士　**創始年份**：2009年　**洽詢電話**：(02)2700-8927

Gravity Equal Force Ultimate Sapphire Purple腕錶

直徑41毫米精鋼錶殼、藍寶石水晶底蓋／偏心灰色藍寶石錶盤／時間指示、72小時儲能指示／自製ASB19自動機芯

參考價NT$1,130,000

One Week自製機芯版腕錶

直徑41毫米精鋼錶殼與錶帶、藍寶石水晶底蓋／時間指示、7日儲能顯示／自製ARM21手上鍊機芯／防水100米／限量100只

參考價NT$1,320,000

雙時區GMT共振腕錶首發版

直徑39毫米18K白金錶殼、藍寶石水晶底蓋／時間指示、兩地時間、日夜顯示／自製ARF22手上鍊機芯、兩個獨立的擒縱系統、儲能42小時／防水50米／限量25只

參考價NT$4,850,000

Orbit復刻版腕錶

直徑43.4毫米精鋼錶殼、陶瓷錶圈、藍寶石水晶底蓋／時間指示、日期指示／自製ASS20自動機芯／防水50米／限量25只

參考價NT$1,440,000

Tribute 1 煙燻腕錶限量版

直徑38毫米精鋼錶殼、藍寶石水晶底蓋／時間指示／自製AMW21手上鍊機芯、100小時儲能／防水50米／限量10只

參考價NT$820,000

AUDEMARS PIGUET 愛彼

發源國家：瑞士　**創始年份**：1875年　**洽詢電話**：(02)8789-5800

Royal Oak Concept 皇家橡樹概念系列
Tamara Ralph飛行陀飛輪限量版腕錶

直徑38.5毫米18K玫瑰金錶殼、藍寶石水晶底蓋／時間指示／2964手上鍊機芯、儲能72小時／防水20米／限量102只

參考價瑞郎191,400

Royal Oak 皇家橡樹系列
「John Mayer」限量版萬年曆腕錶

直徑41毫米18K白金錶殼、藍寶石水晶底蓋／時間指示、萬年曆／5134自動機芯、儲能40小時／防水20米／限量200只

參考價瑞郎162,200

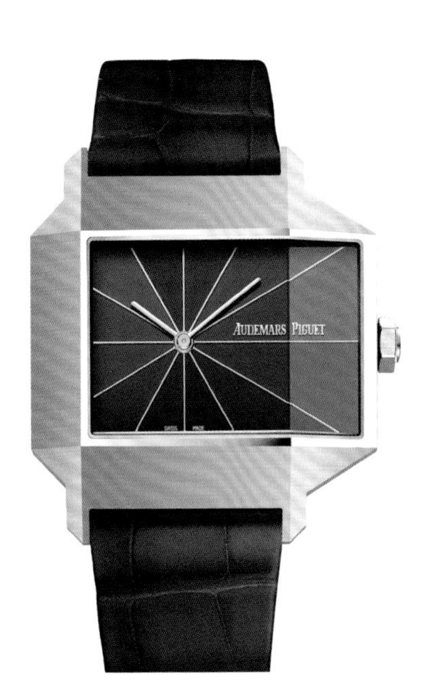

[RE]Master02 系列自動上鍊腕錶

直徑41毫米18K沙金錶殼、藍寶石水晶底蓋／時間指示／7129自動機芯、儲能52小時／防水30米／限量250只

參考價NT$1,524,000

Royal Oak Concept 皇家橡樹概念系列
雙追針GMT大日期計時碼錶

直徑43毫米CFT碳錶殼、黑色陶瓷錶圈、藍寶石水晶底蓋／時間指示、飛返計時、雙追針計時、GMT及大日期顯示／4407自動機芯、儲能70小時／防水50米　**參考價NT$6,585,700**

Royal Oak 皇家橡樹系列
自動上鍊飛行陀飛輪沙金腕錶

直徑41毫米18K沙金錶殼、藍寶石水晶底蓋／時間指示／2972陀飛輪自動機芯、儲能65小時／防水50米

參考價瑞郎270,300

BAUME & MERCIER

發源國家：瑞士 **創始年代**：1830年 **洽詢電話**：+886 0800 366 600

利維拉 Baumatic 潮汐顯示腕錶

直徑43毫米拋光和緞面精鋼錶殼／時間指示、高低潮汐指示／自製Baumatic自動機芯、儲能120小時／防水100米／一體式藍色橡膠錶帶、快拆功能／限量500只

參考價NT$161,000

利維拉Baumatic腕錶

直徑39毫米18K 玫瑰金錶殼／時間指示、日期顯示／ 自製Baumatic自動機芯、儲能120小時／防水50米／黑色全方形鱗紋鱷魚皮錶帶、快拆功能

參考價NT$615,000

利維拉Baumatic 萬年曆腕錶

直徑40毫米拋光與緞面精鋼錶殼／時間指示、月相顯示、萬年曆／自製Baumatic自動機芯、儲能120小時／防水50米／一體式精鋼錶帶、快拆功能／限量50只

參考價NT$635,000

利維拉系列Baumatic 日曆自動上鏈腕錶

直徑39毫米拋光與磨砂精鋼錶殼／時間指示、日期顯示／自製Baumatic自動機芯、儲能120 小時／防水 100 米

參考價NT$120,000

克里頓Baumatic 月相日期腕錶

直徑39毫米精鋼錶殼／時間指示、日期指示、月相顯示／自製Baumatic自動機芯、儲能120小時／防水50米／黑色全方形鱗紋鱷魚皮錶帶、快拆功能

參考價NT$148,000

BIVER

發源地：瑞士　**創始年份**：2023年　**洽詢電話**：(02)2700-8927

Biver Automatique Atelier硬石錶盤自動錶

直徑39毫米950鉑金錶殼、藍寶石水晶底蓋／黑曜石磨砂錶盤／時間指示／JCB-003自動機芯、22K金微型自動盤、儲能65小時／防水80米

參考價NT$3,880,000

Biver Automatique Atelier硬石錶盤自動錶

直徑39毫米18K玫瑰金錶殼、藍寶石水晶底蓋／深藍色彼得石錶盤／時間指示／JCB-003自動機芯、22K金微型自動盤、儲能65小時／防水80米

參考價NT3,750,000

Biver Automatique自動錶

直徑39毫米950鉑金錶殼、藍寶石水晶底蓋／18K白金實心錶盤／時間指示／JCB-003自動機芯、22K金微型自動盤、儲能65小時／防水80米

參考價NT$3,300,000

Biver Automatique自動錶

直徑39毫米18K玫瑰金錶殼、藍寶石水晶底蓋／18K玫瑰金實心錶盤／時間指示／JCB-003自動機芯、22K金微型自動盤、儲能65小時／防水80米

參考價NT$3,170,000

Carillon Tourbillon Biver
鐘琴陀飛輪三問報時腕錶

直徑42毫米18K玫瑰金錶殼、黑曜石錶盤／時間指示、陀飛輪、鐘樂三問報時／JCB.001-B自動機芯、微型自動盤、72小時儲能／防水50米

參考價NT$26,300,000

BELL & ROSS 柏萊士

發源國家：瑞士　**創始年份**：1992年　**洽詢電話**：(02)8712-0896

BR 05 Black Ceramic陶瓷腕錶

直徑41毫米黑色高科技陶瓷錶殼、藍寶石水晶底蓋／時間指示、日期顯示／BR Cal.321-1自動機芯、儲能54小時／防水100米

參考價NT$224,000

BR 05 Artline Dragon腕錶

直徑40毫米精鋼錶殼與鍊帶、藍寶石水晶底蓋時間指示、日期顯示／BR-Cal.321-1自動機芯、儲能54小時／防水100米／限量99只、專賣店款

參考價NT$271,000

BR 05 Black Ceramic陶瓷腕錶

直徑41毫米黑色高科技陶瓷錶殼與鍊帶、藍寶石水晶底蓋／時間指示、日期顯示／BR Cal.321-1自動機芯、儲能54小時／防水100米

參考價NT$255,000

BR 05 Skeleton Black Ceramic鏤空陶瓷腕錶

直徑41毫米黑色高科技陶瓷錶殼與鍊帶、藍寶石水晶底蓋／時間指示／BR Cal.322-1自動機芯、儲能54小時／防水100米

參考價NT$330,000

BR 05 Skeleton Black Ceramic鏤空陶瓷腕錶

直徑41毫米黑色高科技陶瓷錶殼、藍寶石水晶底蓋／時間指示／BR Cal.322-1自動機芯、儲能54小時／防水100米

參考價NT$299,000

BR 05 Skeleton Black Lum Ceramic
鏤空陶瓷腕錶

直徑41毫米黑色高科技陶瓷錶殼與鍊帶、藍寶石水晶底蓋／時間指示／BR-Cal.322-1自動機芯、儲能54小時／防水100米／限量500只

參考價NT$319,000

BR 05 Artline Steel & Gold雙色金腕錶

直徑40毫米精鋼與18K玫瑰金錶殼與鍊帶、藍寶石水晶底蓋／時間指示、日期顯示／BR-CAL.321-1自動機芯、儲能54小時／防水100米／限量99只

參考價NT$438,000

BR 05 Chrono Grey Steel & Gold
雙色金計時碼錶

直徑42毫米精鋼與玫瑰金錶殼與鍊帶、藍寶石水晶底蓋／時間指示、日期顯示、計時碼錶／BR-CAL.326自動機芯、儲能60小時／防水100米

參考價NT$485,000

BR 05 Chrono Grey Steel & Gold
雙色金計時碼錶

直徑42毫米精鋼與玫瑰金錶殼、藍寶石水晶底蓋／時間指示、日期顯示、計時碼錶／BR-CAL.326自動機芯、儲能60小時／防水100米

參考價NT$329,000

BR-X5 Black Titanium腕錶

直徑41毫米鈦金屬錶殼與鍊帶、藍寶石水晶底蓋／時間指示、日期顯示、70小時儲能指示／BR-CAL.323自動機芯、COSC瑞士天文台認證／防水100米

參考價NT$336,000

BR-X5 Black Titanium腕錶

直徑41毫米鈦金屬錶殼、藍寶石水晶底蓋／時間指示、日期顯示、70小時儲能指示／BR-CAL.323自動機芯、COSC瑞士天文台認證／防水100米

參考價NT$303,000

BR-X5 Racing鏤空腕錶

直徑41毫米鈦金屬錶殼與鍊帶、編織紋碳纖維錶圈、藍寶石水晶底蓋／時間指示、日期顯示、70小時儲能指示／BR-CAL.323自動機芯、COSC瑞士天文台認證／防水100米／限量500只 **參考價NT$403,000**

BR-X5 Racing鏤空腕錶

直徑41毫米鈦金屬錶殼、編織紋碳纖維錶圈、藍寶石水晶底蓋／時間指示、日期顯示、70小時儲能指示／BR-CAL.323自動機芯、COSC瑞士天文台認證／防水100米

參考價NT$370,000

BR-X5 Iridescent腕錶

直徑41毫米精鋼錶殼與鍊帶、藍寶石水晶底蓋／時間指示、日期顯示、70小時儲能指示／BR-CAL.323自動機芯、COSC瑞士天文台認證／防水100米／專賣店款

參考價NT$ NT$310,000

BR 03 Cyber Ceramic鏤空陶瓷腕錶

直徑42毫米黑色陶瓷錶殼、藍寶石水晶底蓋／時間指示／BR-Cal.383自動機芯、儲能48小時／防水50米

參考價NT$462,000

BR 03 Horizon陶瓷腕錶

直徑41毫米微噴砂黑色陶瓷錶殼／時間指示／BR-CAL.327自動機芯、儲能54小時／防水100米／限量999只

參考價NT$152,000

BR 03 White Steel & Gold雙色金腕錶

直徑41毫米精鋼錶殼、18K玫瑰金錶圈／時間指示、日期顯示／BR-CAL.302自動機芯、儲能54小時／防水100米

參考價NT$235,000

BR 03-92 Diver Black & Green Bronze潛水腕錶

直徑42毫米青銅錶殼／時間指示、日期顯示／BR-CAL.302自動機芯／防水300米／黑色橡膠與黑色合成織布錶帶／限量999只

參考價NT$168,000

BR 03 Diver Black Matte潛水腕錶

直徑42毫米黑色陶瓷錶殼與陶瓷錶圈／時間指示、日期顯示／BR-CAL.302-1自動機芯、儲能54小時／防水300米／黑色橡膠與黑色合成織布錶帶

參考價NT$170,000

BR 03 Diver Full Lum潛水腕錶

直徑42毫米黑色陶瓷錶殼與陶瓷錶圈／全夜光塗層錶盤／時間指示、日期顯示／BR-CAL.302-1自動機芯、儲能54小時／防水300米／黑色橡膠與黑色合成織布錶帶

參考價NT$184,000

BR 03 Diver Black Steel潛水腕錶

直徑42毫米精鋼錶殼與陶瓷錶圈／時間指示、日期顯示／BR-CAL.302-1自動機芯、儲能54小時／防水300米／黑色橡膠與黑色合成織布錶帶

參考價NT$150,000

BR 03 Diver Blue Steel潛水腕錶

直徑42毫米精鋼錶殼與陶瓷錶圈／時間指示、日期顯示／BR-CAL.302-1自動機芯、儲能54小時／防水300米／藍色橡膠與黑色合成織布錶帶

參考價NT$150,000

BR 03 Diver White Steel潛水腕錶

直徑42毫米精鋼錶殼與陶瓷錶圈／時間指示、日期顯示／BR-CAL.302-1自動機芯、儲能54小時／防水300米／黑色橡膠與黑色合成織布錶帶

參考價NT$150,000

BOVET

發源國家：瑞士　**創始年份**：1822年　**洽詢電話**：(02)2563－3538

Récital 27腕錶

直徑46.30毫米18K玫瑰金錶殼、藍寶石水晶底蓋／時間指示、三地時間、日夜與月相顯示、動力儲存顯示／手上鍊機芯、儲能168小時／防水30米

參考價NT$3,700,000

Virtuoso VII腕錶

直徑43.3毫米18K玫瑰金錶殼、藍寶石水晶底蓋、專利Amadeo®三用轉換機制可變為桌鐘、懷錶／時間指示、雙時區、萬年曆、動力儲存顯示／13BM12AIQPR手上鍊機芯、儲能120小時／防水30米　**參考價NT$4,430,000**

Récital 20 Astérium腕錶

直徑46毫米18K白金與玫瑰金錶殼、藍寶石水晶底蓋／時間指示、逆跳分鐘、日夜顯示、年曆、時間等式、冬夏至、春秋分指示、星空圖、黃道十二宮、月相、動力儲存顯示／17DM02-SKY手上鍊陀飛輪機芯、儲能10日／防水30米／獨一無二款式　**參考價NT$21,800,000**

Orbis Mundi腕錶

直徑42毫米18K玫瑰金錶殼、藍寶石水晶底蓋／時間指示、世界時區、動力儲存顯示／15BM01HU手上鍊機芯、儲能168小時／防水30米／限量60只

參考價NT$2,300,000

The 19Thirty Teal Blue Guilloché腕錶

直徑42毫米18K玫瑰金錶殼、藍寶石水晶底蓋／藍色機刻雕花面盤／時間指示、動力儲存顯示／15BM04手上鍊機芯、儲能168小時／防水30米

參考價NT$1,530,000

Aperto 1腕錶

直徑42毫米5級鈦合金錶殼、藍寶石水晶底蓋／時間指示、動力儲存顯示／15BMPF09-OW手上鍊機芯、儲能168小時／防水30米

參考價NT$1,980,000

Recital 12腕錶

直徑40毫米5級鈦合金錶殼和錶鍊、藍寶石水晶底蓋、藍綠色璣鏤飾紋漆面盤／時間指示／13BMDR12C2手上鍊機芯、儲能168小時／防水30米

參考價NT$998,000

Recital 12腕錶

直徑40毫米5級鈦合金錶殼和錶鍊、藍寶石水晶底蓋、翡翠綠璣鏤飾紋漆面盤／時間指示／13BMDR12C2手上鍊機芯、儲能168小時／防水30米

參考價NT$998,000

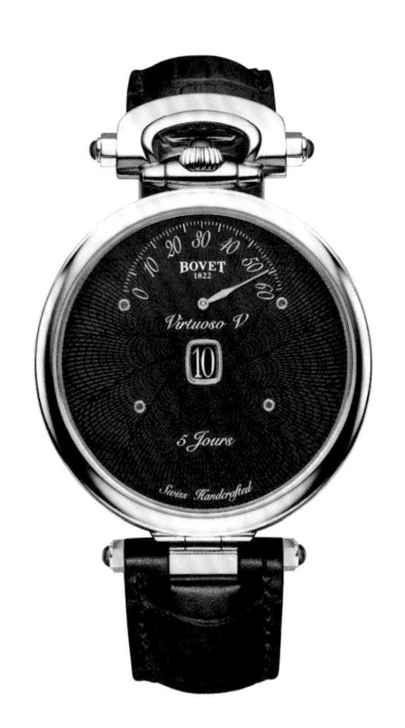

Virtuoso V腕錶

直徑43.5毫米18K白金錶殼和鍊條、專利Amadeo®三用轉換機制可變為桌鐘、懷錶／跳時、分鐘與秒鐘指示、雙面時間、動力儲存顯示／13BM11AIHSMR手上鍊機芯、儲能120小時／防水30米

參考價NT$3,030,000

Miss Audrey腕錶

直徑36毫米精鋼錶殼、專利Amadeo®三用轉換機制可變為桌鐘、懷錶／璣鏤飾紋漆面盤／時間指示／11BA15自動機芯、儲能42小時／防水30米

參考價NT$1,050,000

Miss Audrey Sweet Art腕錶

直徑36毫米精鋼錶殼鑲鑽、專利Amadeo®三用轉換機制可變為桌鐘、懷錶／糖晶體微繪面盤／時間指示／11BA15自動機芯、儲能42小時／防水30米

參考價NT$1,168,000

BLANCPAIN 寶珀

發源國家：瑞士 **創始年份**：1735年 **洽詢電話**：(02)8101-8618

五十噚潛水自動腕錶

直徑42.3毫米23級鈦金屬錶殼、單向旋轉藍寶石錶圈、透明底蓋／藍色面盤／時間指示、日期顯示／1315型自動機芯、儲能5日／防水300米 **參考價NT$535,000（針扣）**
NT$591,000（摺疊扣）

五十噚深潛器全日曆月相腕錶

直徑43.6毫米磨砂緞面黑色陶瓷錶殼、單向旋轉磨砂緞面錶圈內嵌陶瓷、透明底蓋／藍色漸層錶盤／時間指示、全日曆、月相／6654.P型自動機芯、儲能72小時／防水300米

參考價NT$836,000

五十噚深潛器藍眼淚限定腕錶

直徑43毫米不鏽鋼錶殼、單向旋轉午夜藍不鏽鋼錶圈內嵌陶瓷、透明底蓋／螢光藍面盤／時間指示／1318型自動機芯、儲能5日／防水300米／限量30只

參考價NT$451,000

Villeret全日曆月相腕錶

直徑40毫米18K紅金錶殼、透明底蓋／綠色錶盤／時間指示、全日曆、月相／6654型自動機芯、儲能72小時／防水30米

參考價NT$930,000

Ladybird Rainbow系列月相腕錶

直徑34.9毫米18K白金錶殼、透明底蓋／時間指示／1163L型自動機芯、儲能100小時／防水30米

參考價NT$1,206,000（針扣）
NT$1,321,000（摺疊扣）

BREGUET 寶璣

發源國家：法國　**創始年代**：1775年　**洽詢電話**：(02)8101-8068

Classique Tourbillon 3358腕錶

直徑35毫米18K白金錶殼／時間指示、陀飛輪／手上鍊機芯、儲能 50小時

參考價NT$5,148,000

Marine Tourbillon 5577腕錶

直徑42.5毫米18K玫瑰金錶殼／太陽放射飾紋金質錶盤／時間指示、超薄陀飛輪／581自動機芯、儲能 80小時／防水100米

參考價NT$5,441,000

Tradition Tourbillon 7047腕錶

直徑41毫米鉑金錶殼／時間指示、芝麻鍊陀飛輪／569自動機芯、儲能50 小時／防水30米

參考價NT$7,168,000

Reine de Naples 8918腕錶

18K白金橢圓形錶殼／白色大明火琺瑯錶盤／時間指示／537／3自動機芯、儲能45 小時／防水30米

參考價NT$1,601,000

Classique Double Tourbillon Quai de l'Horloge 5345腕錶

直徑46毫米18K玫瑰金錶殼、藍寶石水晶底蓋／藍寶石錶盤／時間指示、雙陀飛輪／588N2手上鍊機芯、儲能 60小時

參考價電洽

A B C D E F G H I J K L M N O P Q R S T U V W X Y Z

BREITLING 百年靈

發源國家：瑞士　**創始年份**：1884年　**洽詢電話**：(02)8101-8667

航空計時腕錶星宇航空特別版

直徑43毫米18K紅金錶殼、帶環形飛行滑尺的雙向旋轉錶圈、藍寶石水晶底蓋／時間指示、日期顯示、計時功能／百年靈自製01自動機芯、儲能70小時、COSC／防水30米／黑色鱷魚皮錶帶／限量發行25只

參考價NT$633,000

緊急求救腕錶星宇航空特別版

直徑51毫米DLC塗層鈦金屬錶殼／多國語言數位日曆顯示、日期與星期、計時功能、12／24小時模擬及液晶數字顯示、剩餘電量顯示〈EOL〉、倒數計時器、第二時區、鬧鐘／百年靈76型溫度感應調節超級石英機芯、COSC／防水50米／限量發行10只　**參考價NT$626,000**

航空計時腕錶星宇航空特別版

直徑43毫米精鋼錶殼、帶環形飛行滑尺的雙向旋轉錶圈、藍寶石水晶底蓋／時間指示、日期顯示、計時功能／百年靈自製01自動機芯、儲能70小時、COSC／防水30米／黑色鱷魚皮錶帶／限量發行140只　**參考價NT$288,000**

Premier B19 Datora 42璞雅計時腕錶140週年版

直徑42毫米18K紅金錶殼、錶圈、藍寶石水晶底蓋／黑色錶盤／時間指示、計時功能、萬年曆／百年靈自製B19自動機芯、22K紅金擺陀、儲能96小時、COSC／防水100米

參考價NT$1,967,000

Navitimer航空計時B19萬年曆計時腕錶43 140週年版

直徑43毫米18K紅金錶殼、帶環形飛行滑尺的雙向旋轉錶圈、藍寶石水晶底蓋／18K紅金錶盤／時間指示、計時功能、萬年曆／百年靈自製B19自動機芯、22K紅金擺陀、儲能96小時、COSC／防水30米　**參考價NT$1,967,000**

Super Chronomat超級機械計時
B19萬年曆腕錶44 140週年版

直徑44毫米18K紅金錶殼、黑色陶瓷棘輪式單向旋轉錶圈、藍寶石水晶底蓋／灰色鏤空錶盤／時間指示、計時功能、萬年曆／百年靈自製B19自動機芯、22K紅金擺陀、儲能96小時、COSC／防水100米／「Rouleaux」風格橡膠錶帶

參考價NT$1,967,000

Superocean Automatic 42超級海洋自動腕錶

直徑42毫米精鋼錶殼、棘輪式陶瓷單向旋轉錶圈／黑色錶盤／時間指示／百年靈17型自動機芯、儲能38小時、COSC認證／防水300米

參考價NT$150,000

Endurance Pro 44毫米腕錶

直徑44 毫米Breitlight®錶殼、帶有方位刻度雙向錶圈／黑色錶盤／時間指示、日期顯示、計時碼錶／百年靈82型SuperQuartz™超級石英機芯、COSC認證／防水100米

參考價NT$109,000

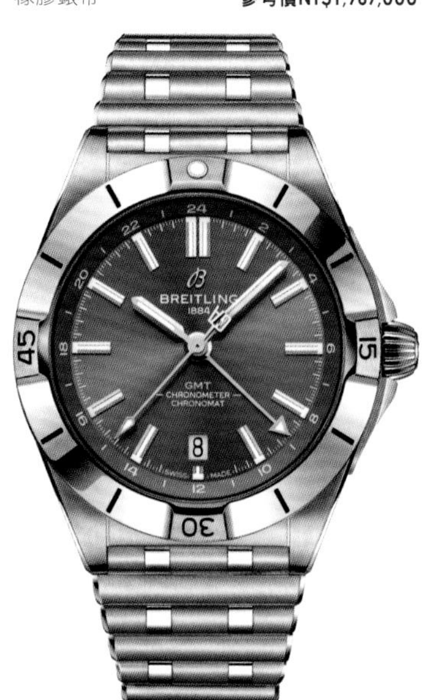

Chronomat Automatic GMT 40機械兩地時間自動腕錶-揚尼斯·安戴托昆波特別版

直徑40 毫米精鋼錶殼、棘輪式單向精鋼錶圈／綠色錶盤／時間指示、日期顯示、GMT／百年靈32型自動機芯、儲能42小時、COSC認證／防水200米／蝴蝶扣精鋼 Rouleaux 錶鍊／限量1,750只

參考價NT$191,000

Navitimer Automatic GMT 41
航空兩地時間腕錶

直徑41毫米精鋼錶殼、雙向旋轉錶圈／冰藍色錶盤／時間指示、日期顯示、第二時區顯示、GMT／百年靈32型機芯、儲能42小時、COSC認證／防水30米

參考價NT$176,000

Aerospace B70 Orbiter
航天多功能熱氣球B70腕錶

直徑43毫米鈦金屬錶殼、雙向棘輪式錶圈／橘色錶盤／時間指示、日期顯示、1／100秒計時碼錶、倒數計時器、第二時區、兩個鬧鐘、單圈計時、萬年曆／百年靈自製B70機芯、COSC／防水100米／鈦金屬鍊帶

參考價NT$135,000

BVLGARI

發源國家：義大利　**創始年代**：1884年　**洽詢電話**：(02)2728-8000

Octo Roma Carillon Tourbillon
鐘樂報時陀飛輪腕錶

直徑44毫米緞面拋光玫瑰金錶殼、透明底蓋／噴砂鏤空黃銅錶盤，經黑色DLC處理／時間指示、鐘樂三鎚、三問、陀飛輪、儲能顯示／寶格麗自製BVL 428手上鍊機芯、儲能75小時／防水30米／限量30只　**參考價請店洽**

Octo Finissimo Minute Repeater Carbon
超薄三問碳薄層腕錶

直徑40毫米碳薄層錶殼、透明底蓋／碳薄層錶盤／時間指示、三問／寶格麗BVL362自製超薄手上鍊機芯、儲能42小時／限量30只／防水10米　**參考價請店洽**

Octo Roma Grande Sonnerie Tourbillon
大自鳴陀飛輪腕錶

直徑45毫米緞面拋光鈦金屬錶殼、透明底蓋／噴砂鏤空黃銅錶盤，經灰色DLC處理／時間指示、大小自鳴、四音槌、三問、陀飛輪、儲能顯示／寶格麗自製 BVV800手上鍊機芯、儲能 72小時／防水30米／限量5只 **參考價請店洽**

Octo Finissimo Tourbillon Manual
手動陀飛輪腕錶 噴砂鈦金屬款

直徑40毫米DLC處理黑色噴砂鈦金屬錶殼、透明底蓋／經黑色DLC處理鏤空錶盤／時間指示、飛行陀飛輪／BVL 268SK超薄手上鍊鏤空機芯、儲能52小時／防水30米

參考價請店洽

Octo Finissimo ultra cosc
超薄瑞士天文台認證腕錶

直徑40毫米噴砂鈦金屬錶殼／時間指示／BVL 180自製手上鍊超薄機芯、儲能50小時、COSC／全球限量20只

參考價請店洽

Octo Finissimo Ultra Platinum
超薄鉑金腕錶

直徑40毫米噴砂鉑金錶殼／時間指示／BVL 180自製手上鍊超薄機芯、儲能50小時／全球限量20只

參考價請店洽

Octo Finissimo Chronograph GMT Sketch
精鋼腕錶

直徑43毫米精鋼錶殼／時間指示／BVL 318超纖薄自動機芯、儲能55小時／防水100米／限量140只

參考價請店洽

Octo Finissimo Tuscan Copper Automatic
自動腕錶

直徑40毫米精鋼錶殼、透明底蓋／太陽放射紋Tuscan Copper紫銅色金屬錶盤／時間指示／BVL 138超薄自動機芯、儲能60小時／防水100米

參考價請店洽

Octo Roma Automatic Steel DLC自動腕錶

直徑41毫米純黑DLC鍍膜處理精鋼錶殼、透明底蓋／巴黎釘紋面盤／時間指示、日期顯示／BVL 191自動機芯、儲能42小時／防水100米

參考價請店洽

Bvlgari Aluminium GMT x Fender®
限量版腕錶

直徑40毫米鋁合金錶殼、棕色橡膠錶圈／棕色漸層錶盤／時間指示、日期顯示、GMT／寶格麗B192自製自動機芯、儲能42小時／防水100 米／全球限量1,400只

參考價請店洽

Bvlgari Aluminium GMT黑色腕錶

直徑40毫米鋁合金錶殼、橡膠錶圈／白色面盤，黑紅雙色GMT計時／時間指示、日期顯示、GMT／寶格麗B192自製自動機芯、儲能42小時／防水100米

參考價NT$120,600

BOMBERG 炸彈錶

發源國家：瑞士　**創始年代**：2012年　**洽詢電話**：(02)2712-7178

BOLT-68 Heritage 系列數位骷髏計時碼錶

直徑45毫米不鏽鋼錶殼／錶身可拆下另組成懷錶／時間指示、計時碼錶／Ronda 3540D石英機芯／防水50米／黑色矽膠錶帶

參考價NT$53,800

BOLT-68 Racing 系列SPA計時碼錶

直徑45毫米黑色及金色PVD處理不鏽鋼錶殼／錶身可拆下另組成懷錶／時間指示、計時碼錶／Ronda 3540D石英機芯／防水50米／黑色矽膠錶帶

參考價NT$48,000

BOLT-68 Racing 系列YAS MARINA計時碼錶

直徑45毫米不鏽鋼錶殼／錶身可拆下另組成懷錶／時間指示、計時碼錶／Ronda 3540D石英機芯／防水50米／白色矽膠錶帶

參考價NT$48,000

BOLT-68 Heritage系列普魯士藍計時碼錶

直徑45毫米黑色及普魯士藍色PVD處理不鏽鋼錶殼／錶身可拆下另組成懷錶／時間指示、計時碼錶／Ronda 3540D石英機芯／防水50米／白色橡膠錶帶

參考價NT$48,000

BOLT-68 Heritage系列炫彩計時碼錶

直徑45毫米不鏽鋼錶殼／錶身可拆下另組成懷錶／時間指示、計時碼錶／Ronda 3540D石英機芯／防水50米／白色橡膠錶帶

參考價NT$49,800

BULOVA

發源地：美國　**創始年份**：1875年　**洽詢電話**：0800-626-668

登月碼錶計時腕錶-血月版96K115

直徑43.5毫米不鏽鋼錶殼、錶帶／時間指示、計時功能／NP20 262 KHz高精準機芯／防水50米／附黑色NATO皮革錶帶

參考價NT$29,800

Super Seville 1970's復刻版96B439

直徑38毫米不鏽鋼錶殼、錶帶／時間指示、日期顯示／NM50 262 KHz高精準機芯／日常生活防水

參考價NT$22,800

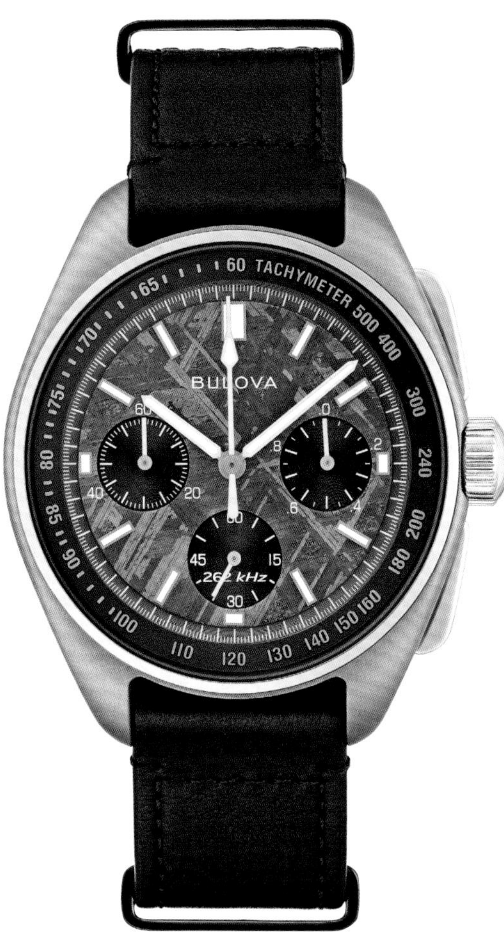

海洋之星高精準潛水腕錶98B421

直徑43毫米不鏽鋼／玫瑰金錶殼、陶瓷錶圈／時間指示、日期顯示／NM50 262 KHz高精準機芯／防水200米／黑色矽膠錶帶

參考價NT$23,800

海洋之星機械潛水腕錶98A302

直徑45毫米不鏽鋼錶殼／Blue IP／時間指示／82S5自動機芯、儲能42小時／防水200米／不鏽鋼錶帶

參考價NT$19,800

登月隕石面限量款腕錶96A312

直徑43.5毫米鈦金屬錶殼／時間指示、計時功能／NP20 262 KHz高精準機芯／防水50米／全球限量5,000只／黑色NATO錶帶

參考價NT$52,800

CARTIER 卡地亞

發源國家：法國　**創始年份**：1847年　**洽詢電話**：0800-373-888

Santos de Cartier腕錶

直徑47.5×39.8毫米大型款精鋼與18K黃金錶殼與鍊帶／時間指示、日期顯示／1847 MC自動機芯、儲能40小時／搭贈一條灰色鱷魚皮錶帶／防水100米

參考價NT$372,000

Santos de Cartier腕錶

直徑47.5×39.8毫米大型款18K黃金錶殼與鍊帶／時間指示、日期顯示／1847 MC自動機芯、儲能40小時／搭贈一條鱷魚皮錶帶／防水100米

參考價NT$1,170,000

Santos de Cartier雙時區腕錶

直徑47.5×40.2毫米大型款精鋼錶殼與鍊帶／時間指示、第二地時區、日期顯示／自動機芯、儲能48小時／搭贈一條深灰色鱷魚皮錶帶／防水100米

參考價NT$292,000

Santos-Dumont Rewind腕錶

直徑43.5×31.5毫米950鉑金錶殼、錶冠鑲嵌紅寶石、底蓋鐫刻Alberto Santos-Dumont手寫正反兩枚簽名／紅玉髓錶盤、逆向排列羅馬數字時標／時間指示／230 MC型手上鍊機芯、儲能40小時／防水30米／限量200只

參考價NT$1,230,000

Santos-Dumont腕錶

直徑43.5×31.5毫米950鉑金錶殼、錶冠鑲嵌紅寶石、底蓋鐫刻Alberto Santos-Dumont手寫簽名／時間指示／430 MC型手上鍊機芯、儲能38小時／防水30米／限量200只

參考價NT$700,000

Santos-Dumont腕錶

直徑43.5×31.5毫米18K黃金錶殼、錶冠鑲嵌藍寶石、底蓋鐫刻Alberto Santos-Dumont手寫簽名／時間指示／430 MC型手上鍊機芯、儲能38小時／防水30米

參考價NT$496,000

Santos-Dumont腕錶

直徑43.5×31.5毫米18K玫瑰金錶殼、錶冠鑲嵌藍寶石、底蓋鐫刻Alberto Santos-Dumont手寫簽名／時間指示／430 MC型手上鍊機芯、儲能38小時／防水30米

參考價NT$496,000

Tank Américaine腕錶

直徑44.4×24.4毫米18K黃金錶殼、錶冠鑲嵌藍寶石／時間指示／1899MC自動機芯、儲能40小時／防水30米

參考價NT$535,000

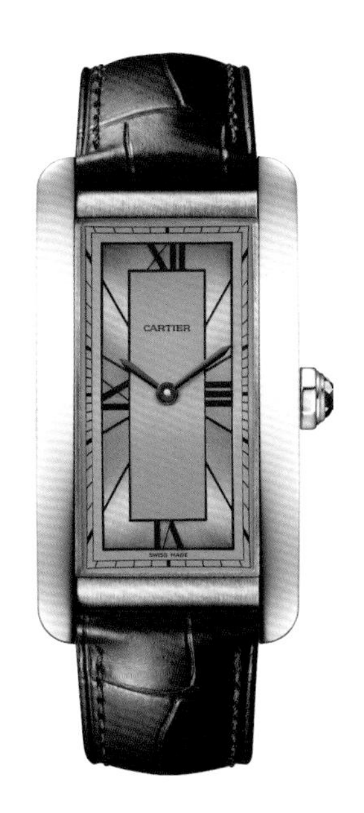

Tank Américaine腕錶

直徑44.4×24.4毫米950鉑金錶殼、錶冠鑲嵌紅寶石／時間指示／1899MC自動機芯、儲能40小時／防水30米

參考價NT$755,000

Tank Américaine腕錶

直徑44.4×24.4毫米18K黃金錶殼、錶冠鑲嵌藍寶石／時間指示／1899MC自動機芯、儲能40小時／防水30米

參考價NT$545,000

Tank Louis Cartier腕錶

直徑29.5×22毫米18K黃金錶殼、錶冠鑲嵌鑽石／時間指示／石英機芯／防水30米

參考價NT$397,000

Panthère de Cartier美洲豹腕錶

直徑36.5×26.7毫米18K玫瑰金錶殼與鍊帶、錶圈鑲嵌鑽石、錶冠鑲嵌鑽石／時間指示／石英機芯／防水30米

參考價NT$1,080,000

Panthère de Cartier美洲豹腕錶

直徑30.3×22毫米18K黃金錶殼與鍊帶、錶圈鑲嵌鑽石、錶冠鑲嵌鑽石／時間指示／石英機芯／防水30米

參考價NT$925,000

Panthère de Cartier美洲豹腕錶

直徑31×42毫米18K黃金錶殼與鍊帶、錶冠鑲嵌藍寶石／時間指示／石英機芯／防水30米

參考價NT$960,000

Baignoire腕錶

直徑32×23毫米18K玫瑰金錶殼與手鐲式錶帶、錶圈鑲嵌鑽石、錶冠鑲嵌鑽石／時間指示／石英機芯／防水30米

參考價NT$795,000

Baignoire腕錶

直徑32×23毫米18K玫瑰金錶殼、錶圈鑲嵌鑽石、錶冠鑲嵌鑽石／時間指示／石英機芯／防水30米

參考價NT$895,000

Baignoire腕錶

直徑25×18.5毫米18K黃金錶殼、錶冠鑲嵌藍寶石／時間指示／石英機芯／防水30米

參考價NT$231,000

Ballon Bleu de Cartier腕錶

直徑36毫米精鋼與18K黃金錶殼與鍊帶、錶冠鑲嵌藍色尖晶石／時間指示／卡地亞1853 MC自動機芯、儲能37小時／防水30米

參考價NT$340,000

Ballon Bleu de Cartier腕錶

直徑40毫米精鋼錶殼與鍊帶、錶冠鑲嵌藍色尖晶石／時間指示／卡地亞1847 MC自動機芯、儲能40小時／防水30米

參考價NT$231,000

Pasha de Cartier珠寶錶

直徑30毫米18K玫瑰金錶殼鑲嵌鑽石、錶冠鑲嵌鑽石／時間指示／石英機芯／防水30米／可互換白色與紅色鱷魚皮錶帶

參考價NT$1,160,000

Reflection de Cartier腕錶

直徑18.4×17.5毫米18K白金錶殼與鍊帶鑲嵌鑽石／時間指示／石英機芯／防水30米

Reflection de Cartier腕錶

直徑18.4×17.5毫米18K玫瑰金錶殼與鍊帶／時間指示／石英機芯／防水30米

Reflection de Cartier腕錶

直徑18.4×17.5毫米18K黃金錶殼與鍊帶／時間指示／石英機芯／防水30米

頂級珠寶腕錶

直徑31.4×23.2毫米18K白金錶殼與鍊帶鑲嵌鑽石／時間指示／石英機芯／防水30米

Tigrée珠寶腕錶

直徑34.29×38.85毫米18K白金錶殼鑲嵌鑽石、沙弗萊石和黑色真漆、錶冠鑲嵌沙弗萊石／時間指示／石英機芯／防水30米

Tigrée珠寶腕錶

直徑34.29×38.85毫米18K玫瑰金錶殼鑲嵌鑽石、黑色尖晶石和黑色真漆、錶冠鑲嵌黑色尖晶石／時間指示／石英機芯／防水30米

La Panthère de Cartier美洲豹珠寶腕錶

直徑23.6毫米18K白金錶殼與鍊帶鑲嵌鑽石、藍寶石、梨形切割祖母綠豹眼、黑色真漆豹鼻／時間指示／石英機芯／防水30米

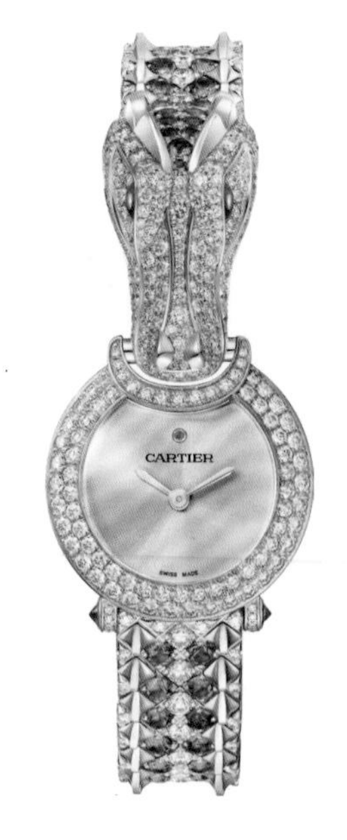

Crocodile鱷魚珠寶腕錶

直徑23.6毫米18K白金錶殼與鍊帶鑲嵌鑽石、祖母綠、藍寶石、橢圓形切割祖母綠鱷魚眼睛／時間指示／石英機芯／防水30米

Tiger老虎珠寶腕錶

直徑23.6毫米18K黃金錶殼與鍊帶鑲嵌錳鋁瑠石、黃色藍寶石、橘色藍寶石、鑽石、梨形切割祖母綠老虎眼睛、黑色真漆虎鼻／時間指示／石英機芯／防水30米

Cartier Privé系列Tortue腕錶

直徑41.4×32.9毫米950鉑金錶殼鑲嵌鑽石、錶冠鑲嵌鑽石／時間指示／430 MC手上鍊機芯、儲能38小時／防水30米／限量50只

Cartier Privé系列Tortue單按鈕計時碼錶

直徑43.7×34.8毫米950鉑金錶殼、錶冠鑲嵌紅寶石、藍寶石水晶底蓋／時間指示、單按鈕計時碼錶／1928 MC手上鍊機芯、儲能44小時／限量200只

Cartier Privé系列Tortue單按鈕計時碼錶

直徑43.7×34.8毫米18K黃金錶殼、錶冠鑲嵌藍寶石、藍寶石水晶底蓋／時間指示、單按鈕計時碼錶／1928 MC手上鍊機芯／防水30米／限量200只

Rotonde de Cartier Masse Mystérieuse 鏤空腕錶

直徑43.5毫米18K玫瑰金錶殼、錶冠鑲嵌藍寶石、藍寶石水晶底蓋／時間指示／9801 MC自動機芯、儲能42小時／防水30米／限量50只

Rotonde de Cartier鏤空雙重神秘陀飛輪腕錶

直徑45毫米18K玫瑰金錶殼、錶冠鑲嵌藍寶石、藍寶石水晶底蓋／時間指示／9565 MC手上鍊陀飛輪機芯、儲能52小時／防水30米／限量50只

Santos de Cartier鏤空腕錶

直徑47.5×39.7毫米18K黃金錶殼與鍊帶、錶冠鑲嵌藍寶石、藍寶石水晶底蓋／時間指示／9612 MC手上鍊鏤空機芯、儲能70小時／防水100米

參考價NT$ 2,230,000

CHANEL 香奈兒

發源地：法國　**創始年份**：1910年　**洽詢電話**：0080-149-1677

Mademoiselle J12 Couture腕錶

直徑38毫米高抗磨陶瓷錶殼、黑色塗層不鏽鋼錶圈鑲鑽46顆、藍寶石水晶玻璃鏡面及底蓋／金粉印製訂製服圖騰錶盤（5分鐘旋轉一圈）飾以香奈兒女士圖騰／時間指示／Caliber12.1自動機芯、儲能70小時／防水50米／限量55只／另有發行黑色陶瓷錶款限量版，參考價NT$548,000　**參考價NT$5,300,000**

J12 White Star Couture腕錶

直徑38毫米黑色塗層不鏽鋼錶殼、藍寶石水晶玻璃鏡面及底蓋／陶瓷環形圖騰錶盤／時間指示／Caliber12.1自動機芯、儲能70小時、COSC／防水50米／限量12只

參考價NT$15,588,000

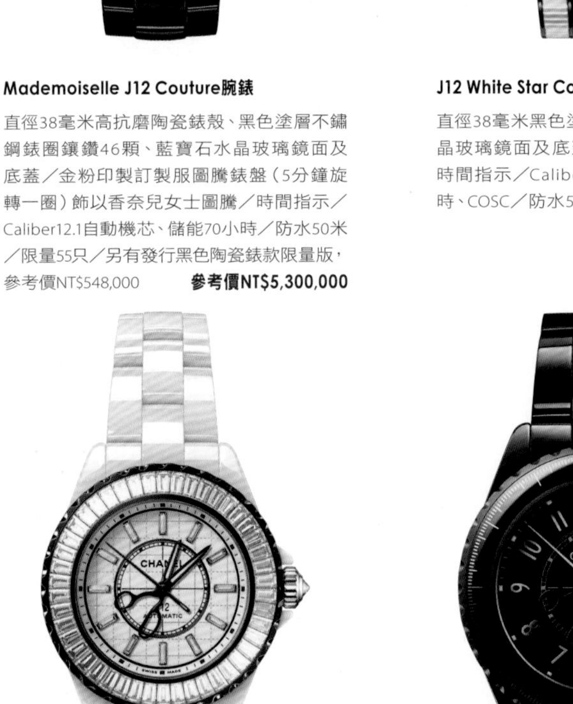

J12 Couture Workshop Automaton Caliber 6腕錶

直徑38毫米高抗磨陶瓷錶殼、黑色塗層不鏽鋼錶圈鑲鑽48顆、藍寶石水晶玻璃鏡面及底蓋／時間指示、按鈕式活動人偶裝置（20秒）／Caliber 6手動機芯、儲能72小時／防水50米／限量100只　**參考價NT$7,794,000**

J12 Couture 33毫米腕錶

直徑33毫米高抗磨陶瓷錶殼、黑色塗層不鏽鋼錶圈鑲鑽46顆、藍寶石水晶玻璃鏡面及底蓋／縫線圖騰錶盤鑲鑽12顆／時間指示／Caliber12.2自動機芯、儲能50小時、COSC／防水50米／限量55只　**參考價NT$3,585,000**

J12 Couture 38毫米腕錶

直徑38毫米高抗磨陶瓷錶殼、黑色漆面捲尺刻度藍寶石水晶單向旋轉錶圈、藍寶石水晶玻璃鏡面及底蓋／縫線圖騰錶盤／時間指示／Caliber12.1自動機芯、儲能70小時、COSC ／防水200米／限量發行

參考價NT$336,000

Couture半身像長項鍊錶

直徑10.87×10.8毫米18K黃金訂製服人檯雪花鑲嵌1,610顆鑽石及黑漆飾邊／黑漆錶盤／時間指示／石英機芯／防水30米／限量20只

參考價NT$15,588,000

Couture別針長項鍊錶

直徑11毫米18K黃金別針雪花鑲嵌286顆鑽石／18K黃金錶盤鑲鑽45顆／時間指示／石英機芯／防水30米／限量20只

參考價NT$8,729,000

Couture頂針長項鍊錶

直徑15毫米18K黃金頂針鑲鑽322顆／18K黃金錶盤鑲鑽112顆／時間指示／石英機芯／防水30米／限量20只

參考價NT$11,224,000

Mademoiselle Privé Pincushion Couture 長項鍊錶

直徑55毫米18K黃金及黑色塗層鈦金屬鑲鑽錶殼／18K黃金珠針飾以養珠、鑽石及18K黃金微型串珠，鑲嵌鑽石及18K黃金微型串珠菱格紋錶盤／時間指示／石英機芯／防水30米／限量5只

參考價NT$12,471,000

Mademoiselle Privé Pincushion Couture 手鐲腕錶

直徑55毫米18K黃金及黑色塗層鈦金屬鑲鑽錶殼／18K黃金珠針飾以養珠、鑽石及18K黃金微型串珠，鑲嵌鑽石及18K黃金微型串珠菱格紋錶盤／時間指示／石英機芯／防水30米／限量5只

參考價NT$10,912,000

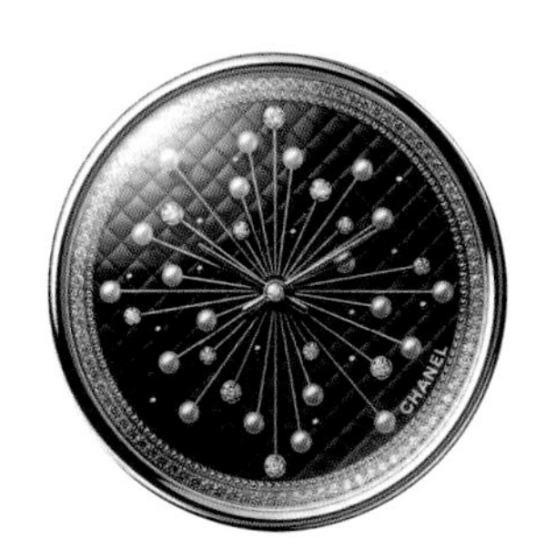

Mademoiselle Privé Pincushion Couture 戒指錶

直徑40毫米18K黃金鑲鑽錶殼／18K黃金珠針飾以養珠、鑽石及18K黃金微型串珠，鑲嵌鑽石及18K黃金微型串珠菱格紋錶盤／時間指示／石英機芯／防水30米／限量5只

參考價NT$9,509,000

Première Charms Couture腕錶

直徑19.77×15.2毫米鍍18K黃金不鏽鋼錶殼及吊墜／時間指示／石英機芯／防水30米／限量發行

參考價NT$360,000

Première Ruban Couture腕錶

直徑19.77×15.2毫米鍍18K黃金錶殼及吊墜／時間指示／石英機芯／防水30米／限量發行

參考價NT$343,000

Première手鐲錶

直徑19.7×15.2毫米鍍18K黃金不鏽鋼錶殼／時間指示／石英機芯／防水30米／限量發行

參考價NT$367,000

Twin Lion手鐲腕錶

直徑11毫米18K黃金錶殼／18K白金錶盤鑲嵌鑽石／時間指示／石英機芯／防水30米／限量10只

參考價NT$20,265,000

Secret Lion手鐲腕錶

直徑67 x 45毫米18K黃金錶殼鑲嵌鑽石，18K黃金滑蓋鑲嵌鑽石、縞瑪瑙飾板、18K黃金鑲鑽獅子／黑漆菱格紋錶盤／時間指示／石英機芯／防水30米／限量10只

參考價NT$22,135,000

Seated Lion長項鍊錶

直徑15毫米18K黃金鑲鑽坐獅於瑪瑙飾板上，18K黃金底座鑲嵌鑽石，並飾以18K黃金繩索裝邊／黑漆錶盤／時間指示／石英機芯／防水30米／限量10只

參考價NT$12,159,000

Boy·Friend X-Ray粉紅鏤空腕錶

直徑37×28.6毫米粉紅藍寶石水晶錶殼及錶圈、藍寶石水晶玻璃鏡面及底蓋／時間指示／Caliber 3手動機芯、儲能55小時／防水30米／限量55只 **參考價NT$3,897,000**

Boy·Friend粉紅鏤空腕錶

直徑37×28.6毫米18K Beige米色金錶殼、藍寶石水晶玻璃鏡面及底蓋／時間指示／Caliber 3手動機芯、儲能55小時／防水30米／限量55只 **參考價NT$5,144,000**

J12 X-Ray粉紅腕錶

直徑38毫米粉紅藍寶石水晶錶殼、18K Beige米色金錶圈鑲嵌46顆粉紅藍寶石、藍寶石水晶玻璃鏡面及底蓋／時間指示／Caliber 3.1手動機芯、儲能55小時／防水30米／限量12只

參考價NT$32,735,000

J12粉紅腕錶

直徑33毫米高抗磨陶瓷搭配18K Beige米色金錶殼、18K Beige米色金錶圈鑲嵌46顆粉紅藍寶石／時間指示／Caliber12.2自動機芯、儲能50小時、COSC／防水50米／限量55只

參考價NT$3,897,000

J12 Caliber 5鑽石陀飛輪腕錶

直徑38毫米高抗磨陶瓷錶殼、黑色塗層不鏽鋼錶圈鑲嵌陶瓷、藍寶石水晶玻璃鏡面及底蓋／陶瓷鏤空錶盤／時間指示、飛行陀飛輪／Caliber 5手動機芯、儲能42小時／防水50米

參考價NT$3,585,000

J12 Caliber 5鑽石陀飛輪腕錶

直徑38毫米高抗磨陶瓷錶殼、不鏽鋼錶圈鑲嵌陶瓷、藍寶石水晶玻璃鏡面及底蓋／陶瓷鏤空錶盤／時間指示、飛行陀飛輪／Caliber 5手動機芯、儲能42小時／防水50米

參考價NT$3,585,000

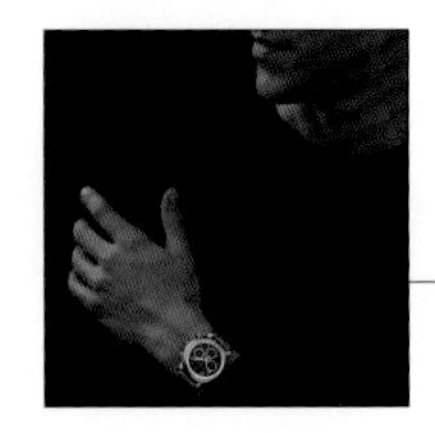

CHOPARD 蕭邦

發源國家：瑞士　**創始年份**：1860年　**洽詢電話**：(02)3766-3388

Alpine Eagle腕錶

直徑41毫米Lucent Steel™精鋼錶殼／時間指示、日期顯示／Chopard 01.01-C型自動機芯、儲能60小時、COSC

參考價NT$561,000

Alpine Eagle XL Chrono腕錶

直徑44毫米5級鈦金屬錶殼／時間指示、日期顯示、計時功能／Chopard 03.05-C型自動機芯、儲能60小時、COSC

參考價NT$923,000

Alpine Eagle腕錶

直徑33毫米符合倫理道德18K金錶殼／時間指示／Chopard 01.01-C型自動機芯、儲能42小時、COSC

參考價NT$1,589,000

L.U.C XPS Forest Green腕錶

直徑40毫米Lucent Steel™精鋼錶殼／時間指示／L.U.C 96.12-L自動機芯、儲能65小時、COSC

參考價NT$436,000

L.U.C Qualité Fleurier腕錶

直徑39毫米Lucent Steel™精鋼錶殼／時間指示／L.U.C 96.09-L自動機芯、儲能65小時、COSC、QF認證

參考價NT$751,000

Mille Miglia Classic腕錶

直徑40.5毫米Lucent Steel™精鋼錶殼／時間指示、日期顯示、計時功能、自動機芯、儲能54小時、COSC／防水50米

參考價NT$346,000

Happy Sport腕錶

直徑33毫米Lucent Steel™精鋼錶殼／時間指示／Chopard 09.01-C自動機芯、儲能42小時

參考價NT$409,000

Happy Sport腕錶

直徑30毫米Lucent Steel™精鋼錶殼／時間指示／石英機芯

參考價NT$193,000

L'Heure du Diamant腕錶

直徑33毫米符合倫理道德標準的18K白金錶殼／時間指示／Chopard 09.01-C自動機芯、儲能42小時

參考價NT$1,872,000

L'Heure du Diamant腕錶

直徑36毫米符合倫理道德標準的18K白金錶殼／時間指示／Chopard 09.01-C自動機芯、儲能42小時

參考價NT$2,055,000

L'Heure du Diamant腕錶

直徑36×37毫米符合倫理道德標準的18K白金錶殼／時間指示／Chopard 09.01-C自動機芯、儲能42小時

參考價NT$3,148,000

CARL F.BUCHERER 寶齊萊

發源國家：瑞士 **創始年代**：1888年 **洽詢電話**：(02)8772-0122

Manero外緣動力萬年曆腕錶

直徑41.6毫米 18K玫瑰金錶殼、透明底蓋／時間指示、月相、萬年曆／自製 CFB A2055自動機芯、COSC、儲能55 小時／防水30米

參考價請電洽

Manero 緣動力腕錶

直徑40.6毫米不鏽鋼錶殼、透明底蓋／時間指示、日期顯示／自製 CFB A2050自動機芯、COSC、儲能55 小時／防水50米

參考價請電洽

Manero 雙外緣陀飛輪腕錶

直徑43.1毫米 18K玫瑰金錶殼、透明底蓋／時間指示、懸浮陀飛輪／自製 CFB T3000 自動機芯、儲能65 小時、停秒／防水30米／限量18 只

參考價NT$4,680,000

Manero URBAN都市腕錶

直徑38毫米不鏽鋼錶殼／時間指示、日期顯示／自製CFB 1950自動機芯、儲能38 小時／防水50米

參考價請電洽

Heritage 年曆雙盤計時碼錶

直徑41毫米不鏽鋼錶殼、透明底蓋／時間指示、年曆、大日曆、計時碼錶／CFB 1972自動機芯／防水30米／限量888只

參考價NT$265,000

CITIZEN 星辰表

發源國家：日本　**創始年份**：1918年　**洽詢電話**：0800-626-668

The CITIZEN Cal.0210機械腕錶NC1000-51E

直徑40毫米不鏽鋼錶殼、雙面防眩光藍寶石玻璃鏡面、透明底蓋／電鑄工藝面盤／時間指示、日期顯示／Cal.0210自動機芯、無卡度游絲擺輪結構、儲能60小時、停秒功能／靜置日差-3~+5秒／10氣壓防水

參考價NT$268,000

The CITIZEN鉑金羽鷹限量款AQ4100-65W

直徑38.3毫米超級鈦金屬錶殼、錶帶、雙球面雙面防眩光藍寶石玻璃鏡面／土佐和紙錶盤／時間指示、日期顯示、0時瞬跳、萬年曆／A060光動能機芯，充滿電後可連續運作1.5年（省電模式）／年誤差值±5秒／10氣壓防水／全球限量500只

參考價NT$138,000

HAKUTO-R限定款CC4065-61Y

直徑44.6毫米鈦金屬DLC錶殼錶帶、雙球面雙面防眩光藍寶石玻璃鏡面、藍寶石玻璃錶圈／白蝶貝錶盤／時間指示、日期&星期顯示、兩地時間、1/20碼錶計時、鬧鈴／39個時區、電量等級顯示、萬年曆／F950光動能機芯、充滿電後可連續運作5年（省電模式）、JIS 1型抗磁、撞擊偵測、指針修正／10氣壓防水／全球限量1900只

參考價NT$ 95,800

880高抗磁機械腕錶 幻藍限定款NB6036-52N

直徑41.0毫米不鏽鋼GIP錶殼、雙面防眩光藍寶石玻璃鏡面／藍蝶貝錶盤／時間指示、日期顯示、GMT／9054自動機芯、儲能50小時、停秒功能、JIS 2型抗磁／靜置日差-10～+20秒／10氣壓防水／全球限量2200只

參考價NT$ 63,800

CITIZEN製錶百年限量款懷錶NC2990-94A

直徑43.5毫米鈦合金錶殼、雙球面單面防眩光藍寶石玻璃鏡面、透明底蓋／電鑄工藝面盤／時間指示／Cal.0270手上鍊機芯、儲能55小時、停秒功能／靜置日差-3~+5秒／日常生活防水／全球限量100只／藍染純絲編織繩

參考價NT$250,000

CORUM 崑崙錶

發源國家：瑞士 **創始年份**：1955年 **洽詢電話**：(02)2713-9966

A B C D E F G H I J K L M N O P Q R S T U V W X Y Z

Golden Bridge 金橋經典系列

直徑34×51毫米玫瑰金錶殼、藍寶石水晶底蓋／時間指示／CO113手動機芯、儲能40小時／防水30米

參考價NT$1,708,000

Admiral 45 Openworked自動腕錶 Luminescent Carbon

直徑45毫米碳纖維及綠色榛光塗料錶殼、藍寶石透明底蓋／時間指示、儲能48小時／CO 297自動上鏈機芯／防水100米／限量25只

參考價NT$1,523,000

Golden Bridge 金橋自動腕錶

直徑37.2×51.8毫米鈦金屬、黑色DLC錶殼、藍寶石水晶錶殼／時間指示／CO 313自動機芯、儲能40小時／防水30米／限量50只

參考價NT$1,615,000

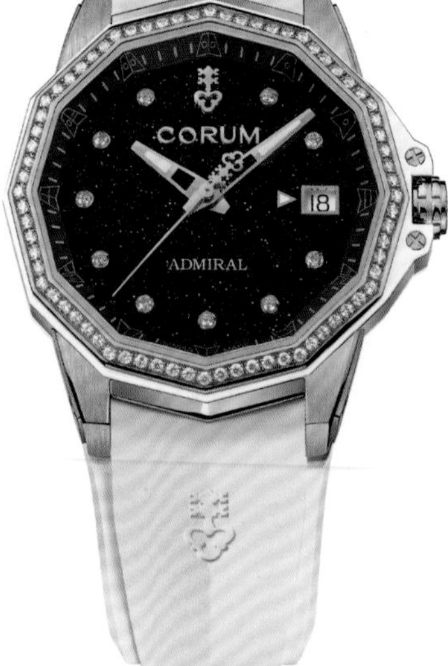

Admiral 海軍上將38自動腕錶

直徑38毫米18K玫瑰金錶殼鑲嵌鑽石、藍寶石水晶底蓋／砂金石錶盤／時間指示、日期顯示／CO 082自動上鍊機芯、儲能42小時／防水100米／限量100只

參考價NT$1,023,000

Admiral 海軍上將38自動腕錶

直徑38毫米18K玫瑰金錶殼鑲嵌鑽石、藍寶石水晶底蓋／孔雀石錶盤／時間指示、日期顯示／CO 082自動上鍊機芯、儲能42小時／防水100米／限量100只

參考價NT$1,023,000

CVSTOS

發源國家:瑞士　**創始年份**:2005年　**洽詢電話**:(02)8101-8686

Jetliner PS Thirty6 5N Red Gold腕錶

直徑47.2×36毫米18K玫瑰金錶殼鑲嵌寶石、藍寶石水晶底蓋/時間指示、日期顯示/自動機芯

參考價NT$1,288,000

Metropolitan PS Titanium腕錶

直徑51×42毫米五級鈦金屬錶殼與鍊帶、藍寶石水晶底蓋/時間指示/CVS410自製自動機芯、儲能42小時/防水50米/限量200只

參考價NT745,000

Chrono Sprint Sky Blue Steel腕錶

直徑53.7×41毫米精鋼錶殼、藍寶石水晶底蓋/時間指示、計時碼錶、星期與日期顯示/CVS556 SPRT自製自動機芯、儲能42小時/防水100米/限量25只

參考價NT$765,000

Chrono Sprint Navy Blue Steel腕錶

直徑53.7×41毫米精鋼錶殼、藍寶石水晶底蓋/時間指示、計時碼錶、星期與日期顯示/CVS556 SPRT自製自動機芯、儲能42小時/防水100米/限量25只

參考價NT$765,000

Metropolitan PS Skeleton Sapphire SHH特別版

直徑51×42毫米藍寶石水晶錶殼、藍寶石水晶底蓋/時間指示/CVS410自製自動機芯、儲能45小時/防水30米/限量12只

參考價NT$1,449,000

CYRUS

發源國家：瑞士　**創始年份**：2010年　**洽詢電話**：(02)2712-7178

Klepcys Dice Saffron雙獨立計時碼錶

直徑42毫米5級拋光鈦金屬錶殼、透明底蓋／時間指示、雙獨立計時碼錶／Cyrus自製自動機芯、儲能55小時／防水100米／限量50只

參考價NT$1,380,000

Klepcys Dice Lime Carbon雙獨立計時碼錶

直徑42毫米5級拋光鈦金屬錶殼、夜光碳纖維錶圈、透明底蓋／時間指示、雙獨立計時碼錶／Cyrus自製自動機芯、儲能60小時／防水100米／限量50只

參考價NT$1,538,000

Klepcys Reveil鬧鈴功能腕錶

直徑42毫米不鏽鋼錶殼、透明底蓋／時間指示、日夜顯示、24 時制打簧式鬧鈴／Cyrus自製手動機芯、儲能72 小時／防水30米

參考價NT$1,538,000

Klepcys GMT 海洋藍逆跳兩地時間腕錶

直徑42毫米5 級鈦金屬錶殼、透明底蓋／時間指示、24小時制逆跳第二地時間指示／Cyrus自製自動機芯／防水100米／限量38只

參考價NT$873,000

Klepcys GMT 棕櫚綠逆跳兩地時間腕錶

直徑42毫米5級拋光鈦金屬錶殼、透明底蓋／時間指示、24小時制逆跳第二地時間指示／Cyrus自製自動機芯／防水100米／限量38只

參考價NT$925,000

CZAPEK

發源國家：瑞士 **創始年份**：1845年 **洽詢電話**：(02)2700-8927

Promenade Goutte d'Eau大明火琺瑯自動錶

直徑38毫米精鋼錶殼、藍寶石水晶底蓋／時間指示／SXH5.1自動機芯、950微型自動盤、儲能60小時／大明火琺瑯錶盤／防水50米／限量100只

參考價NT$740,000

Quai des Bergues Double Soleil雙太陽腕錶

直徑40.5毫米精鋼錶殼、藍寶石水晶底蓋／機刻飾紋錶盤／時間指示、7日儲能具備星期指示／Calibre SXH1手上鍊機芯、雙發條盒／防水50米

參考價NT$770,000

Antarctique Mount Erebus Deep Blue
玫瑰金深藍款

直徑40.5毫米18K玫瑰金錶殼與鍊帶／時間指示、日期顯示／SXH5自動機芯、儲能60小時／防水120米／限量100只

參考價NT$2,150,000

Antarctique Passage de Drake Afterglow
腕錶

直徑40.5毫米精鋼錶殼與鍊帶／時間指示、日期顯示／SXH5自動機芯、儲能60小時／防水120米／另搭贈一條橡膠錶帶

參考價NT$950,000

Place Vendôme Complicité Stardust
鏤空雙擒縱腕錶

直徑41.8毫米18K白金錶殼／時間指示、72小時儲能指示／Calibre 8手上鍊機芯、雙擒縱結構／防水50米／限量50只

參考價NT$3,600,000

ERNEST BOREL 依波路

發源地：瑞士　**創始年份**：1856年　**洽詢電話**：(02)2999-1331

Sage睿智系列黑灰岩龐克煙燻腕錶

直徑41毫米精鋼錶殼、藍寶石水晶底蓋／黑灰岩漸層錶面／時間指示、日期顯示／SW200自動機芯、儲能38小時 ／防水200米

參考價NT$38,500

Sage睿智系列潛水系列活力綠腕錶

直徑41毫米精鋼錶殼、單向旋轉陶瓷黑色陶瓷錶圈、藍寶石水晶底蓋／漸變太陽光暈紋炫綠色搪瓷紋錶面／時間指示、日期顯示／SW200自動機芯、儲能38小時 ／防水200米／限量999只

參考價NT$38,000

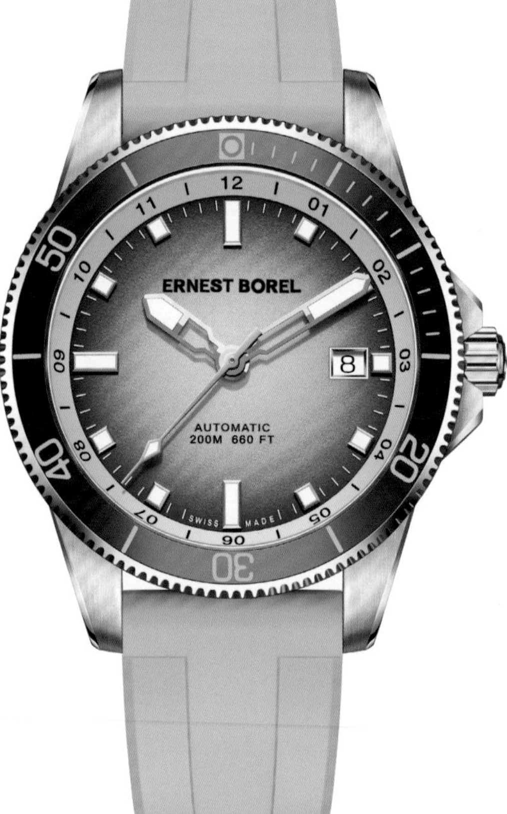

Sage睿智系列薄荷藍龐克煙燻腕錶

直徑41毫米精鋼錶殼、藍寶石水晶底蓋／薄荷藍漸層錶面／時間指示、日期顯示／SW200自動機芯、儲能38小時 ／防水200米

參考價NT$38,500

Sage睿智系列櫛水母腕錶

直徑42毫米黑色DLC精鋼錶殼、黑色彩虹時刻陶瓷錶圈、藍寶石水晶底蓋／黑色漸層搪瓷深海藍錶面／時間指示、日期顯示／SW200自動機芯、儲能38小時／防水200米

參考價NT$42,500

Grandeur Collection格蘭系列

直徑42毫米玫瑰金精鋼錶殼、藍寶石水晶底蓋／時間指示、第二時區、大日期顯示／TT651自動機芯／防水30米

參考價NT$ 87,000

FERDINAND BERTHOUD

發源國家：瑞士　**創始年份**：2015年　**洽詢電話**：(02)2700-8927

Chronomètre FB RES腕錶

直徑44毫米圓形錶殼、藍寶石水晶底蓋／時間指示、儲能指示／Calibre FB-RE.FC手上鍊芝麻鏈恆定動力機芯、儲能50小時、COSC天文台認證／機芯限量38枚

參考價NT$9,360,000

Chronomètre FB 2T.1精密時計

直徑44毫米18K白金錶殼、藍寶石水晶底蓋／時間指示、53小時儲能指示／FB-T.FC-2手上鍊芝麻鍊陀飛輪機芯、COSC天文台認証／防水30米／機芯限量38枚

參考價NT$9,750,000

Chronomètre FB-3SPC.1腕錶

直徑42.3毫米18K白金錶殼、藍寶石水晶底蓋／時間指示、72小時儲能指示／FB-SPC手上鍊機芯、COSC天文台認証／防水30米

參考價NT$5,450,000

Chronomètre FB-3SPC.2腕錶

直徑42.3毫米18K玫瑰金錶殼、藍寶石水晶底蓋／時間指示、72小時儲能指示／FB-SPC手上鍊機芯、COSC天文台認証／防水30米

參考價NT$5,450,000

Chronomètre FB RES腕錶

直徑44毫米八角形錶殼、藍寶石水晶底蓋／時間指示、儲能指示／Calibre FB-RE.FC手上鍊芝麻鏈恆定動力機芯、儲能50小時、COSC天文台認證／機芯限量38枚

參考價NT$8,960,000

FRANCK MULLER 法穆蘭

發源國家：瑞士　**創始年份**：1992年　**洽詢電話**：(02)8101-8686

Grand Central Tourbillon Skeleton
玫瑰金鏤空中置陀飛輪鑽錶腕錶

直徑36×53.1毫米18K玫瑰金錶殼鑲嵌鑽石、藍寶石水晶底蓋／時間指示／MVT FM CX 36T-CTR-SQ中置陀飛輪自動上鍊機芯、4日儲能　**參考價NT$7,080,000**

Dragon Skeleton Color Dreams腕錶

直徑41×49.95毫米18K白金錶殼鑲嵌鑽石、藍寶石水晶底蓋／時間指示／FM 708-SQ-V35自動上鍊機芯、儲能38小時／防水30米／限量10只

參考價NT$2,800,000

Long Island Evolution Master Jumper
鈦金屬腕錶

直徑35.3×48.1毫米黑色PVD鈦金屬錶殼、綠色陽極氧化處理錶圈、藍寶石水晶底蓋／時間指示、跳時、跳分與日期顯示／MVT FM 3100-L手上鍊自製機芯、儲能30小時／防水30米／亞太區限定發售100只　**參考價NT$3,168,000**

Vanguard Damas steel with anti-magnetic properties腕錶

直徑42.5×52.7毫米大馬士革鋼錶殼／時間指示、日期顯示／FM 800-DT自動上鍊機芯、儲能42小時／防水30米

參考價NT$449,000

Vanguard Beach玻璃纖維複合材質腕錶

直徑41×49.95玻璃纖維複合材質錶殼／時間指示、日期顯示／MVT FM 800-DT自動上鍊機芯、42小時儲能／防水30米／亞太區限定發售

參考價NT$348,000

Cintrée Curvex Double Retrograde Hour 雙逆跳精鋼腕錶

直徑36×50.4毫米精鋼錶殼／時間指示、雙重逆跳小時／MVT 800-AJNR自動上鍊機芯、儲能42小時／防水30米

參考價NT$865,000

Cintrée Curvex Retrograde Hour Day & Night 腕錶

直徑36×50.4毫米精鋼錶殼／時間指示、逆跳小時／MVT 2800-HRSDT自動上鍊機芯、儲能42小時

參考價NT$865,000

Vanguard Slim Vintage腕錶

直徑41×49.95毫米精鋼錶殼／時間指示／MVT FM 708-S6自動上鍊機芯、42小時儲能／防水30米

參考價NT$395,000

Vanguard Rose Skeleton腕錶

直徑35×46.3毫米18K玫瑰金錶殼鑲嵌鑽石、藍寶石水晶底蓋／時間指示／MVT FM 1540-VS17手上鍊機芯、4日儲能／防水30米

參考價NT$1,642,000

Vanguard Lady Slim Vintage復古女裝腕錶

直徑35×46.3毫米精鋼錶殼鑲嵌鑽石／時間指示／MVT FM 708-S6自動上鍊機芯、儲能42小時

參考價NT$789,000

Round Skeleton Baguette腕錶

直徑30.5毫米18K玫瑰金錶殼鑲嵌紅寶石與鑽石、藍寶石水晶底蓋／時間指示／MVT FM 1540-RS手上鍊機芯、4日儲能／防水30米

參考價NT$3,268,000

FREDERIQUE CONSTANT 康斯登

發源國家：瑞士　**創始年份**：1988年　**洽詢電話**：(02)2726-3553

Classic Moonphase Date Manufacture
自製機芯月相日曆腕錶

直徑40毫米精鋼錶殼、藍寶石水晶底蓋／時間指示、日期指示、月相盈虧／FC-716自製自動機芯、72小時儲能／防水50米

參考價NT$156,000

Classic Date Manufacture自製機芯日曆腕錶

直徑40毫米精鋼錶殼、藍寶石水晶底蓋／時間指示、日期指示／FC-706自製自動機芯、72小時儲能／防水50米

參考價NT$128,000

Classic Tourbillon Manufacture
自製機芯陀飛輪腕錶

直徑39毫米精鋼錶殼、藍寶石水晶底蓋／時間指示／自製FC-980陀飛輪自動機芯、儲能38小時／防水30米／限量350只

參考價NT$498,000

Classic Power Reserve Big Date Manufacture自製機芯動力儲存大日曆腕錶

直徑40毫米精鋼錶殼、藍寶石水晶底蓋／時間指示、大日期、月相盈虧、50小時儲能指示／FC-735自製自動機芯／防水30米

參考價NT$178,000

Classics Runabout Automatic自動腕錶

直徑42毫米精鋼錶殼、藍寶石水晶底蓋／時間指示、日期顯示／FC-303自動機芯、儲能38小時／防水50米／限量1888只

參考價NT$66,600

Classics Elegance Luna優雅月相腕錶

直徑36毫米精鋼錶殼鑲嵌鑽石、藍寶石水晶底蓋／時間指示、月相盈虧／FC-331自動機芯、儲能38小時／防水50米

參考價NT$168,800

Highlife Worldtimer Manudacture
自製機芯世界時區台灣特別版

直徑41毫米18K玫瑰金錶殼、藍寶石水晶底蓋／時間指示、日期顯示、世界時區／ 自製FC-718自動機芯、儲能38小時／防水30米／限量10只

參考價NT$888,000

Highlife Chronograph Automatic計時碼錶

直徑41毫米精鋼錶殼與錶帶、藍寶石水晶底蓋／時間指示、計時碼錶、日期顯示／FC-391自動機芯、儲能60小時／防水100米／一條綠色麂皮錶帶、一條同色橡膠錶帶／限量1888只

參考價NT$138,000

Highlife Automatic The Avener自動腕錶

直徑39毫米黑色DLC精鋼錶殼、藍寶石水晶底蓋／時間指示、日期顯示／FC-303自動機芯、儲能38小時／防水100米／限量432只

參考價NT$98,800

Highlife Ladies女裝閃爍自動腕錶

直徑34毫米鋼錶殼與鍊帶、錶圈鑲嵌鑽石、藍寶石水晶底蓋／時間指示、日期顯示／FC-303自動機芯、儲能38小時／防水50米／限量888只

參考價NT$138,000

Classics Carrée Small Seconds
方形小秒針腕錶

直徑36×25.2毫米精鋼錶殼與鍊帶／時間指示／FC-235石英機芯／防水30米

參考價NT$39,800

GLASHÜTTE ORIGINAL 格拉蘇蒂 原創

發源國家：德國　**創始年份**：1845年　**洽詢電話**：（02）2652-3688

女士系列Serenade Luna小夜曲月相女士腕錶

直徑32.5毫米18K紅金錶殼、藍寶石水晶底蓋／金綠色面盤／時間指示、月相顯示／自製35-14自動機芯、儲能60小時／防水30米

參考價NT$ 734,000

女士系列Serenade Luna小夜曲月相女士腕錶

直徑32.5毫米精鋼錶殼、藍寶石水晶底蓋／白色珍珠母貝面盤／時間指示、月相顯示／自製35-14自動機芯、儲能60小時／防水30米

參考價NT$ 457,000

專家系列SeaQ計時腕錶

直徑43.2毫米精鋼錶殼、藍寶石水晶底蓋／銀白色面盤／時間指示、大日曆、飛返計時、停秒／自製37-23自動機芯、儲能70小時／防水300米

參考價NT$ 470,000（摺疊扣）
NT$459,000（針扣）、NT$500,000（精鋼鍊帶）

議員系列Senator卓越萬年曆腕錶

直徑42毫米18K紅金錶殼、藍寶石水晶底蓋／電鍍銀白色面盤／時間指示、萬年曆、月相顯示、停秒機制／自製36-12自動機芯、儲能100小時／防水50米

參考價NT$1,157,000

議員系列Senator卓越大日曆月相腕錶

直徑40毫米精鋼錶殼、藍寶石水晶底蓋／電鍍銀灰色面盤／時間指示、大日曆、月相顯示、停秒機制／自製36-24自動機芯、儲能100小時／防水50米

參考價NT$380,000（摺疊扣）
NT$364,000（針扣）

GIRARD-PERREGAUX 芝柏表

發源國家：瑞士　**創始年份**：1791年　**洽詢電話**：(02)2395-8188

Laureato 42 mm Ultramarine 深海藍腕錶

直徑42毫米玫瑰金錶殼、透明底蓋／時間指示、日期顯示／GP01800自動機芯、儲能54小時／防水50米

參考價NT$1,679,000

Laureato Chronograph Ti49 鈦金屬計時碼錶

直徑42毫米鈦金屬錶殼／時間指示、日期顯示、計時功能／GP03300自動機芯、儲能46小時／防水100米

參考價NT$628,000

Laureato 38mm Copper鑲鑽腕錶

直徑38毫米精鋼錶殼、透明底蓋／時間指示、日期顯示／GP03300自動機芯、儲能46小時／防水100米

參考價NT$653,000

Free Bridge隕石腕錶

直徑44毫米精鋼錶殼、透明底蓋／時間指示／GP01800自動機芯、儲能54小時／防水30米

參考價NT$829,000

Laureato 42 mm Sage Green芳草綠腕錶

直徑42毫米玫瑰金錶殼、透明底蓋／時間指示、日期顯示／GP01800自動機芯、儲能54小時／防水50米

參考價NT$1,679,000

GRAND SEIKO

發源國家:日本　**創始年份**:1960年　**洽詢電話**:0800-221-585

SLGW003

直徑38.6毫米超強度鈦合金錶殼、透視背蓋/時間指示/9SA4機械機芯(手上鍊)、儲能80小時/防水3氣壓

參考價NT$310,000

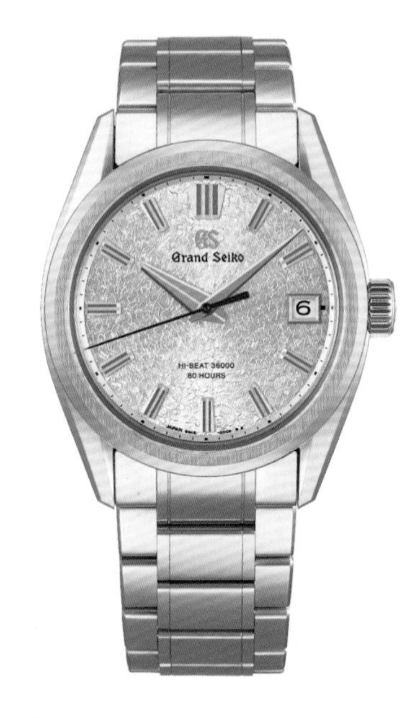

SLGH021

直徑40毫米白鋼錶殼、透視背蓋/時間指示、日期顯示/9SA5機械機芯、儲能80小時/防水10氣壓/限量1000只

參考價NT$300,000

SLGW002

直徑38.6毫米18K玫瑰金錶殼、透視背蓋/時間指示/9SA4機械機芯(手上鍊)、儲能80小時/防水3氣壓/限量80只

參考價NT$1,300,000

SBGH343

直徑38毫米白鈦錶殼、透視背蓋/時間指示、日期顯示/9S85機械機芯、儲能55小時/防水10氣壓

參考價NT$210,000

SBGJ277

直徑44.2毫米不鏽鋼錶殼/時間指示、日期顯示、GMT、時針快調/9S86機械機芯(自動上鍊、手上鍊)、儲能55小時/防水20氣壓

參考價NT$215,000

SBGC275

直徑44.5毫米白鈦錶殼、透視背蓋／時間指示、日期顯示、計時碼錶、動力儲存顯示、GMT、時針快調／9R96 Spring Drive機芯、儲能72小時／防水20氣壓／限量700只

參考價NT$388,000

SBGE307

直徑44.5毫米白鈦錶殼、透視背蓋／時間指示、日期顯示、動力儲存顯示、GMT、時針快調／9R66 Spring Drive機芯、儲能72小時／防水20氣壓

參考價NT$310,000

SBGE305

直徑40.5毫米不鏽鋼錶殼、陶瓷錶圈／時間指示、日期顯示、動力儲存顯示、GMT、時針快調／9R66 Spring Drive機芯、儲能72小時／防水20氣壓／限量1300只

參考價NT$195,000

SBGA497

直徑41毫米白鈦錶殼、透視背蓋／時間指示、日期顯示、動力儲存顯示／9R65 Spring Drive機芯、儲能72小時／防水10氣壓／限量1500只

參考價NT$195,000

SLGW004

直徑38.8毫米18K金錶殼、透視背蓋／時間指示／9SA4機械機芯（手上鍊）、儲能80小時／防水3氣壓／限量200只

參考價NT$800,000

SLGW005

直徑38.8毫米不鏽鋼錶殼、透視背蓋／時間指示／9SA4機械機芯（手上鍊）、儲能80小時／防水3氣壓／限量1200只

參考價NT$270,000

G

GUCCI

發源國家：義大利　**創始年份**：1921

25H三問報時陀飛輪腕錶

直徑40毫米18K白金錶殼、藍寶石水晶底蓋／鏤空錶盤／時間指示、三問報時／手上鍊陀飛輪機芯、儲能48小時／防水20米

參考價NT$11,100,000

25H鏤空陀飛輪腕錶

直徑40毫米藍寶石水晶錶殼、藍寶石水晶底蓋／鏤空錶盤／時間指示／GG727.25.TS手上鍊飛行陀飛輪機芯、儲能72小時／防水30米

參考價NT$5,050,000

25H三問報時陀飛輪腕錶

直徑40毫米18K玫瑰金錶殼、藍寶石水晶底蓋／鏤空錶盤／時間指示、三問報時／手上鍊陀飛輪機芯、儲能48小時／防水20米

參考價NT$10,750,000

Interlocking G 跳時陀飛輪腕錶

直徑41毫米18K白金錶殼／鏤空錶盤、黑色砂金石玻璃自動盤／跳時顯示、分鐘指示／中置飛行陀飛輪自動機芯、儲能60小時／防水30米

參考價NT$5,400,000

G-Timeless Planetarium陀飛輪腕錶

直徑40毫米18K玫瑰金錶殼／錶盤鑲嵌51顆鑽石、12顆多色寶石、陀飛輪綴以鑲鑽花朵／時間指示／GGC.1976.DS中置飛行陀飛輪手上鍊機芯、儲能48小時／防水30米

參考價NT$8,100,000

H. MOSER & CIE. 亨利慕時

發源國家：瑞士　**創始年份**：1828　**洽詢電話**：(02)2795-2329

疾速者三問報時陀飛輪藍色琺瑯概念腕錶

直徑42.3毫米精鋼錶殼與鍊帶、藍寶石水晶底蓋／水藍色煙燻大明火琺瑯錶盤飾以錘擊紋理／時間指示、三問報時／HMC905手上鍊飛行陀飛輪機芯、儲能90小時／限量50只／防水50米 **參考價NT$10,416,000**

疾速者大三針紫霧腕錶

直徑40毫米精鋼錶殼與鍊帶、藍寶石水晶鏡面底蓋／紫霧色煙燻錶盤／時間指示／HMC201自動機芯、3日儲能／防水120米

參考價NT$848,000

疾速者圓柱陀飛輪鏤空腕錶 Alpine限量版

直徑42.3毫米精鋼錶殼、藍寶石水晶底蓋／鏤空主錶盤、亮藍色尖晶石弧形小錶盤／自製HMC 811飛行陀飛輪自動機芯、儲能74小時／限量100只

參考價NT$3,446,000

開拓者大三針柑橘綠概念腕錶

外觀：不鏽鋼錶殼、直徑42.8毫米精鋼錶殼、藍寶石水晶底蓋／柑橘綠煙燻錶盤／時間指示／HMC201自動機芯、3日儲能／防水120米

參考價NT$561,000

疾速者陀飛輪鏤空雙游絲腕錶

直徑40毫米精鋼錶殼與鍊帶、藍寶石水晶鏡面底蓋／時間指示／自製鏤空HMC 814自動飛行陀飛輪機芯、儲能74小時／防水120米

參考價NT$3,140,000

H

HALDIMANN

發源國家：瑞士　**創始年份**：1991年　**洽詢電話**：(02)8770-6918

H2共振陀飛輪腕錶

直徑39毫米鉑金錶殼、特殊圓弧式藍寶石水晶玻璃鏡面與底蓋／時間指示、雙擺輪共振陀飛輪／手動上鍊機芯、儲能38小時

參考價請電洽

H11腕錶

直徑39毫米18K玫瑰金錶殼、藍寶石水晶玻璃底蓋／銀質面盤／時間指示／手動上鍊機芯、儲能38小時／防水30米

參考價請電洽

H1中置陀飛輪腕錶

直徑39毫米鉑金錶殼、特殊圓弧式藍寶石水晶玻璃鏡面與底蓋／時間指示、一分鐘陀飛輪／手動上鍊機芯、儲能38小時／手工雕刻編號

參考價請電洽

H11腕錶

直徑39毫米18K玫瑰金錶殼、藍寶石水晶玻璃底蓋／銀質面盤／時間指示／手動上鍊機芯、儲能38小時／防水30米 ／另可訂製小秒針款式

參考價請電洽

H12腕錶

直徑39毫米精鋼錶殼、藍寶石水晶玻璃底蓋／銀質面盤／時間指示／手動上鍊機芯、儲能38小時／防水30米

參考價請電洽

HAMILTON 漢米爾頓

發源國家：美國　**創始年份**：1892年　**洽詢電話**：(02)2652-3661

探險系列沙丘 Edge 石英腕錶 51 mm

直徑51毫米錶殼／時間顯示／石英機芯／防水100米

參考價NT$79,000

卡其航空系列 Air-Glaciers 腕錶 42 mm

直徑42毫米鈦金屬錶殼／時間指示、星期日期顯示／H-30自動機芯、Nivachron™ 平衡彈簧、儲能80小時／防水100米

參考價NT$45,600

卡其陸戰遠征自動腕錶 41 mm

直徑41毫米精鋼錶殼／時間指示、雙向旋轉指南針錶圈／H-10自動機芯、Nivachron® 擺輪游絲、儲能80小時／防水100米

參考價NT$32,500

卡其航空系列飛行員 Day Date 腕錶 42 mm

直徑42毫米精鋼錶殼／時間指示、星期日期顯示／H-30自動機芯、Nivachron® 擺輪游絲、儲能80小時／防水100米

參考價NT$32,500

卡其陸戰墨菲腕錶 38 mm

直徑38毫米精鋼錶殼／時間指示／H-10自動機芯、Nivachron® 擺輪游絲、儲能80小時／防水100米

參考價NT$30,500

HAUTLENCE 豪朗時

發源國家：瑞士　**創始年份**：2004年　**洽詢電話**：(02)2795-2329

A B C D E F G H I J K L M N O P Q R S T U V W X Y Z

Linear Series 2陀飛輪腕錶

直徑43×50.8毫米黑色PVD精鋼錶殼、藍寶石水晶底蓋／鏤空垂直磨砂紋底層錶盤與藍寶石玻璃中層錶盤／線型逆跳小時、分鐘顯示／D50陀飛輪自動機芯、儲能72小時／防水100米／限量28只　**參考價NT$2,280,000**

Vagabonde Tourbillon Series 3陀飛輪腕錶

直徑43×50.8毫米午夜藍色PVD精鋼錶殼、藍寶石水晶底蓋／六邊形結構銅鈮超導體底層錶盤、藍寶石水晶鏡面中層錶盤／漫遊小時與分鐘顯示／D30自動機芯、儲能72小時／28只

參考價NT$2,560,000

Sphere Series 2腕錶

直徑43×50.8毫米碳灰色PVD錶殼、藍寶石水晶底蓋／鏤空鍍銠黃銅磨砂處理底層錶盤與藍寶石玻璃中層錶盤／瞬時翻跳球體小時顯示、分鐘逆跳/A80手上鍊機芯、儲能72小時／限量28只　**參考價NT$2,840,000**

HLXX腕錶

直徑37×45毫米5級鈦金屬錶殼、藍寶石水晶底蓋／鏤空鍍銠黃銅垂直磨砂紋底層錶盤與淺色藍寶石玻璃中層錶盤／圓盤跳時、分鐘逆跳、莫比烏斯環運行顯示／A20手上鍊機芯、儲能40小時／限量20只

參考價NT$1,540,000

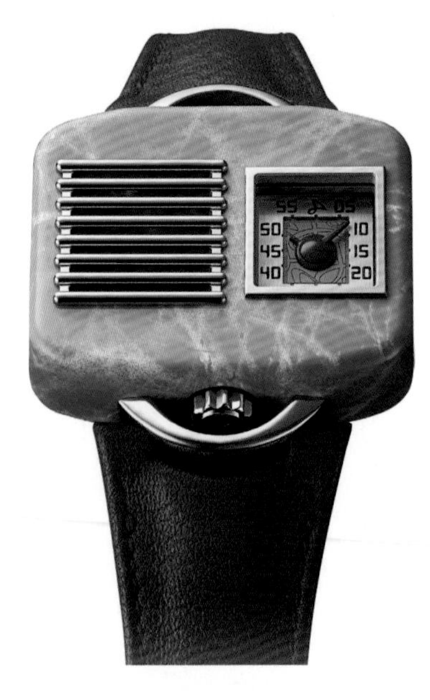

Retrovision'47陀飛輪腕錶

直徑39.15×44.4毫米手工彩繪鈦金屬錶殼、藍寶石水晶底蓋／時間指示／D20 飛行陀飛輪自動機芯、儲能72 小時／限量10只

參考價NT$2,340,000

HARRY WINSTON 海瑞溫斯頓

發源國家：美國　**創始年份**：1932年　**洽詢電話**：(02)8101-7818（101品牌專門店）

海洋Ocean系列Date Moon Phase Baguette 42毫米自動腕錶

直徑42.2毫米18K玫瑰金錶殼鑲嵌長形切割祖母綠、藍寶石水晶底蓋／時間指示、日期指示、月相盈虧／HW3203自動機芯、儲能68小時／防水100米　**參考價NT$6,550,000**

海洋Ocean系列Date Moon Phase 36毫米自動腕錶

直徑36毫米18K玫瑰金錶殼鑲嵌鑽石、藍寶石水晶底蓋／時間指示、日期指示、月相盈虧／HW3203自動機芯、儲能68小時／防水100米

參考價NT$1,925,000

海洋Ocean Tourbillon GMT Worldtimer 世界時區陀飛輪腕錶

直徑46毫米18K白金錶殼鑲嵌鑽石、藍寶石水晶底蓋／時間指示、GMT、日夜顯示、世界時區／陀飛輪自動機芯／防水50米

參考價NT$13,000,000

海洋Ocean系列 Zalium Variation雙逆跳腕錶

直徑42.2毫米鋯合金錶殼、藍寶石水晶底蓋／時間指示、30秒逆跳、星期逆跳、日期顯示GMT／HW3305自動機芯、儲能65小時／防水100米／限量50只

參考價NT$780,000

海洋Ocean系列Date Moon Phase 42毫米頂級珠寶自動腕錶

直徑42.2毫米18K玫瑰金錶殼與錶帶鑲嵌鑽石、藍寶石水晶底蓋／時間指示、日期指示、月相盈虧／HW3203自動機芯、儲能68小時／防水50米　**參考價NT$23,680,000**

HERMÈS 愛馬仕

發源國家：法國　**創始年份**：1837年　**洽詢電話**：(02)8789-0090

Arceau Tyger Tyger工藝腕錶

直徑38毫米18K玫瑰金錶殼鑲鑽、藍寶石水晶底蓋／木片鑲嵌與砂金石微繪工藝錶盤／時間指示、月相顯示／H1837自動機芯、儲能50小時／防水30米／限量24只

參考價NT$3,521,000

Nantucket珠寶鍊錶

直徑29毫米18K玫瑰金錶殼、錶鍊與錶盤、雪花鑲嵌1,437顆鑽石總重9克拉／時間指示／石英機芯／防水30米

參考價NT$4,880,000

Arceau Lift Les sentinelles飛行陀飛輪腕錶

直徑43毫米18K白金錶殼、藍寶石水晶底蓋／掐絲琺瑯與微繪琺瑯錶盤／時間指示／H1923手上鍊機芯、儲能90小時／防水30米／限量12只

參考價NT$6,275,000

Hermès Cut腕錶

直徑36毫米316L精鋼錶殼、18K玫瑰金錶圈鑲鑽、藍寶石水晶底蓋／時間指示／H1912自動機芯、儲能50小時／防水100米

參考價NT$761,200

Hermès H08腕錶

直徑42毫米18K玫瑰金錶殼、黑色陶瓷錶圈、藍寶石水晶底蓋／時間指示、日期顯示／H1837自動機芯、儲能50小時／防水100米

參考價NT$558,000

HYT

發源國家：瑞士　**創始年份**：2012年　**洽詢電話**：(02)8101-8686

HYT T1 Gold 5N／Titanium Deep Blue

直徑45.3毫米18K玫瑰金和鈦金屬錶殼、藍寶石水晶底蓋／液體小時顯示、分鐘指示、72小時儲能指示／501-CM 手上鍊機芯／防水50米

參考價NT$2,576,000

HYT T1 Titanium Green Millésime Edition

直徑45.3毫米鈦金屬和黑色鍍層磨砂鈦金屬錶殼、藍寶石水晶底蓋／液體小時顯示、分鐘指示、72小時儲能指示／501-CM手上鍊機芯／防水50米　**參考價NT$2,013,000**

Hastroid Silver Red

直徑48毫米鈦金屬錶殼／液體小時顯示、分鐘指示、72小時儲能指示／501-CM手上鍊機芯／防水30米

參考價NT$3,019,000

Moon Runner Desert

直徑48毫米鈦金屬與碳纖維錶殼／液體小時顯示、分針指示、中置球體月相盈虧、月份和日期顯示／Cal. 601-MO手上鍊機芯、儲能72小時／防水50米／限量15只

參考價NT$5,031,000

Conical Tourbillon Panda

直徑48毫米白色陶瓷和鈦金屬錶殼／液體小時顯示、分針指示／701-TC中置錐形陀飛輪手上鍊機芯、儲能40小時／防水50米／限量8只

參考價NT$14,280,000

H

HUBLOT 宇舶錶

發源國家：瑞士　**創始年份**：1980年　**洽詢電話**：(02) 8101-8266

A B C D E F G H I J K L M N O P Q R S T U V W X Y Z

Big Bang MP-13雙軸陀飛輪
雙逆跳黑色碳纖維腕錶

直徑44毫米碳纖維+表層黑色Txalium錶殼、透明底蓋／時間指示、雙軸陀飛輪、雙逆跳顯示、動力儲存顯示、陀飛輪／HUB6200手上鍊機芯、儲能4日／黑色橡膠錶帶／防水30米／限量50只　**參考價NT$5,432,000**

Arsham Droplet 鈦晶懷錶

直徑73.2×52.6毫米噴砂鈦金屬與藍寶石水晶錶殼、透明底蓋／時間指示、動力儲存顯示／HUB1201手上鍊機芯、儲能10日／One Click單鍵快拆錶帶裝置、可搭配鈦金屬項鍊、腰鍊、鈦金屬與透明球體展示台變化不同形式／防水30米／限量30只　**參考價NT$2,716,000**

MP-10雙垂直上鍊陀飛輪鈦金腕錶

直徑54.1×41.5毫米鈦金屬錶殼、透明底蓋／時間指示、動力儲存顯示／HUB9013自動陀飛輪機芯、儲能48小時／黑色橡膠錶帶／防水30米／限量50只　**參考價NT$8,488,000**

Big Bang MP11湖水藍寶石腕錶

直徑45毫米拋光湖水藍寶石錶殼與錶圈、透明底蓋／時間指示、動力儲存顯示／HUB9011自動機芯、儲能14日／湖水藍橡膠錶帶／防水30米／限量50只

參考價NT$5,263,000

Big Bang Integrated Tourbillon
紫色藍寶石水晶陀飛輪腕錶

直徑43毫米紫色藍寶石水晶錶殼、透明底蓋／時間指示／HUB6035自動陀飛輪機芯、儲能72小時／紫色藍寶石水晶錶帶／防水30米／限量10只　**參考價NT$16,975,000**

Spirit Of Big Bang Tourbillon
橘色碳纖維陀飛輪腕錶

直徑42毫米橘色碳纖維錶殼、透明底蓋／時間指示、動力儲存顯示／HUB6020手上鍊陀飛輪機芯、儲能115小時／橘色橡膠錶帶／防水30米／限量50只 **參考價NT$3,226,000**

Classic Fusion Tourbillon Orlinski
魔力黃陀飛輪陶瓷腕錶

直徑45毫米拋光黃色陶瓷錶殼、透明底蓋／時間指示／HUB6021手上鍊陀飛輪機芯、儲能105小時／黃色橡膠錶帶／防水30米／限量30只 **參考價NT$3,056,000**

Big Bang Unico SAXEM極光綠計時腕錶

直徑42毫米綠色SAXEM材質錶殼、透明底蓋／時間指示、日期顯示、飛返計時／HUB1280自動機芯、儲能72小時／綠色橡膠錶帶／防水50米／限量100只

參考價NT$3,735,000

Big Bang Unico Orange 傲視橘陶瓷計時腕錶

直徑42毫米緞面及拋光橘陶瓷錶殼、透明底蓋／時間指示、日期顯示、飛返計時／HUB1280自動機芯、儲能72小時／橘色橡膠錶帶／防水100米／限量250只

參考價NT$914,000

Big Bang Unico Dark Green
墨綠陶瓷計時腕錶

直徑42毫米緞面及拋光綠陶瓷錶殼、透明底蓋／時間指示、日期顯示、飛返計時／HUB1280自動機芯、儲能72小時／綠色橡膠錶帶／防水100米／限量250只

參考價NT$744,000

Big Bang Unico Left-Handed Ceramic
左冠陶瓷計時腕錶

直徑42毫米微噴砂拋光白陶瓷錶殼、微噴砂紅陶瓷錶圈、透明底蓋／時間指示、日期顯示、飛返計時／HUB1280自動機芯、儲能72小時／白色橡膠錶帶、紅色縫線白色皮錶帶／防水100米／限量35只 **參考價NT$812,000**

Big Bang Integrated Time Only
一體式鍊帶皇金計時腕錶

直徑38毫米18K金錶殼、透明底蓋／時間指示、日期顯示／HUB1115自動機芯、儲能48小時／一體式18K皇金鍊帶／防水100米

參考價NT$1,457,000

Big Bang Integrated Time Only
一體式鍊帶黑陶瓷腕錶

直徑38毫米黑陶瓷錶殼、透明底蓋／時間指示、日期顯示／HUB1115自動機芯、儲能48小時／一體式黑色陶瓷鍊帶／防水100米

參考價NT$472,000

Big Bang Integrated Time Only
一體式藍陶瓷腕錶

直徑40毫米藍陶瓷錶殼、透明底蓋／時間指示、日期顯示／HUB1710自動機芯、儲能50小時／一體式藍色陶瓷鍊帶／防水100米／限量200只

參考價NT$642,000

Big Bang Integrated Time Only
一體式天空藍陶瓷腕錶

直徑40毫米天空藍陶瓷錶殼、透明底蓋／時間指示、日期顯示／HUB1710自動機芯、儲能50小時／一體式天空藍色陶瓷鍊帶／防水100米／限量200只

參考價NT$642,000

Classic Fusion Original
經典融合系列原創腕錶

直徑29毫米18K金錶殼、透明底蓋／時間指示、日期顯示／HUB2915石英機芯、儲能2年／黑色橡膠錶帶／防水50米

參考價NT$540,000

Classic Fusion Original
經典融合系列原創腕錶

直徑29毫米鈦金屬錶殼、透明底蓋／時間指示、日期顯示／HUB2915石英機芯、儲能2年／黑色橡膠錶帶／防水50米

參考價NT$211,000

Spirit of Big Bang Sang Bleu藍寶石計時腕錶

直徑42毫米藍寶石錶殼、透明底蓋／時間指示、日期顯示、計時功能／HUB 4700自動機芯、儲能50小時／白色透明橡膠錶帶／防水50米

參考價NT$4,414,000

Spirit of Big Bang Sang Bleu計時碼錶皇金滿鑽款

直徑42毫米皇金錶殼鑲嵌80顆鑽石、透明底蓋／時間指示、日期顯示、計時功能／HUB 4700自動機芯、儲能50小時／黑色橡膠錶帶／防水100米

參考價NT$2,272,000

Square Bang Unico 皇金彩虹計時腕錶

直徑42毫米拋光18K皇金錶殼鑲嵌94顆彩色寶石、18K皇金錶圈鑲嵌50顆彩色寶石、透明底蓋／時間指示、日期顯示、飛返計時／HUB1280自動飛返計時機芯、儲能72小時／彩色鱷魚皮錶帶／防水100米

參考價NT$3,192,000

Square Bang Unico 皇金藍陶瓷計時腕錶.

直徑42毫米皇金錶殼、藍色陶瓷錶圈、透明底蓋／時間指示、日期顯示、飛返計時／HUB1280自動飛返計時機芯、儲能72小時／藍色橡膠錶帶／防水100米

參考價NT$1,287,000

Square Bang Unico 魔力金黑陶瓷計時腕錶.

直徑42毫米黑色陶瓷錶殼、魔力金錶圈、透明底蓋／時間指示、日期顯示、飛返計時／HUB1280自動飛返計時機芯、儲能72小時／黑色橡膠錶帶／防水100米

參考價NT$982,000

Square Bang Unico 藍陶瓷計時腕錶.

直徑42毫米藍色陶瓷錶殼、透明底蓋／時間指示、日期顯示、飛返計時／HUB1280自動飛返計時機芯、儲能72小時／藍色橡膠錶帶／防水100米

參考價NT$846,000

H

IWC 萬國錶

發源國家：瑞士　**創始年份**：1868年　**洽詢電話**：(02)8101-8255

IWC葡萄牙系列手動上鏈陀飛輪日夜顯示腕錶

直徑42.4毫米18 ct Armor Gold® 錶殼、透明底蓋／時間指示、飛行分鐘陀飛輪附掣停裝置、晝夜顯示／81925手動機芯、儲能84小時／防水6巴

參考價NT$ 2,406,000

IWC葡萄牙系列萬年曆腕錶44

直徑44.4毫米18K白金錶殼、透明底蓋／時間指示、萬年曆、月相／52616機芯、儲能7日／防水5巴

參考價NT$ 1,450,000

IWC葡萄牙系列永恆曆腕錶

直徑44.4毫米鉑金錶殼、透明底蓋／時間指示、萬年曆、萬年月相／52640機芯、儲能7日／防水5巴

參考價NT$ 5,198,000

IWC葡萄牙系列自動腕錶42

直徑42.4毫米18K紅金錶殼、透明底蓋／時間指示、日期顯示／52011機芯、儲能7日／防水5巴

參考價NT$ 815,000

IWC葡萄牙系列計時腕錶

直徑41毫米精鋼錶殼、透明底蓋／時間指示、計時功能／69355機芯、儲能46小時／防水3巴

參考價NT$ 269,000

JAEGER-LECOULTRE 積家

發源國家：瑞士　**創始年份**：1833年　**洽詢電話**：(02)8101-8616

Duometre Chronograph Moon
雙翼系列計時月相腕錶

直徑42.5毫米鉑金錶殼／時間指示、計時功能、月相、晝夜顯示、瞬跳停秒、雙動力儲存／391型手動機芯、儲能50小時／防水50米

參考價店洽

Duometre Quantieme Lunaire
雙翼系列月相日曆腕錶

直徑42.5毫米精鋼錶殼／時間指示、日期顯示、月相、瞬跳停秒、雙動力儲存／381型手動機芯、儲能50小時

參考價店洽

Polaris Perpetual Calendar 萬年曆腕錶

直徑42毫米玫瑰金錶殼／時間指示、萬年曆、南北半球月相顯示／868自動機芯、儲能70小時／防水100米

參考價NT$1,670,000

Polaris Date 日期顯示腕錶

直徑42毫米精鋼錶殼／時間指示、日期顯示／899自動機芯、儲能70小時

參考價NT$355,000

Duometre Chronograph Moon
雙翼系列計時月相腕錶

直徑42.5毫米玫瑰金錶殼／時間指示、計時功能、月相、晝夜顯示、瞬跳停秒、雙動力儲存／391型手動機芯、儲能50小時／防水50米

參考價店洽

JACOB & CO.

發源國家：美國　**創始年份**：1986年　**洽詢電話**：(02)8101-8686

Bugatti Chiron Tourbillon V2腕錶

直徑55×44毫米18K玫瑰金錶殼與藍色鈦金屬錶殼／時間指示、動力儲存指示／JCAM37手上鍊陀飛輪機芯、儲能60小時／透明藍寶石W16引擎模塊自動裝置／防水30米／獨一無二款式　**參考價NT$11,650,000**

Casino Tourbillon腕錶

直徑44毫米18K玫瑰金錶殼、縞瑪瑙錶盤／時間指示、輪盤博弈機制／JCAM51手上鍊陀飛輪機芯、儲能72小時／防水30米／限量101只

參考價NT$9,880,000

Bugatti Tourbillon陀飛輪腕錶

直徑52×44毫米黑色PVD鈦金屬錶殼、藍寶石水晶底蓋／逆跳小時與分鐘指示、雙重動力儲存指示／JCAM55手上鍊30秒陀飛輪機芯、48小時儲能／透明藍寶石 V16 引擎模塊自動裝置／限量150只　**參考價NT$12,000,000**

Ciel Étoilé陀飛輪珠寶腕錶SHH特別版

直徑42.5毫米18K玫瑰金錶殼鑲嵌137顆鑽石（約2.37克拉）／時間指示／垂直機芯結構將雙軸陀飛輪與旋轉寶石結合／JCAM31手上鍊機芯、儲能48小時／防水30米／限量10只

參考價NT$6,880,000

Gotham City by JACOB & CO. Twin Triple- Axis 雙球體陀飛輪腕錶

直徑46毫米18K玫瑰金錶殼／時間指示／JCFM10手上鍊雙球體陀飛輪機芯、儲能48小時／防水50米／限量36只

參考價NT$9,180,000

Astronomia Solar Hybrid天體陀飛輪腕錶

直徑43.4毫米藍色PVD鈦金屬錶殼／時間指示、多軸星球環繞／面盤10分鐘自轉一圈、地球60秒自轉／JCAM19手上鍊陀飛輪機芯、儲能48小時／防水30米／限量18只

參考價NT$11,290,000

Astronomia Régulateur陀飛輪腕錶

直徑43毫米18K玫瑰金錶殼／時間指示／面盤60秒自轉一圈／JCAM56手上鍊陀飛輪機芯、儲能48小時／防水30米／限量250只

參考價NT$9,880,000

Epic X Chrono Black Titanium腕錶

直徑44毫米黑色DLC鈦金屬錶殼／時間指示、計時碼錶／JCAA05自動碼錶機芯、儲能48小時／防水100米

參考價NT$920,000

Epic SF 24世界時區玫瑰金腕錶

直徑45毫米18K玫瑰金錶殼、藍寶石水晶底蓋／時間指示、世界時區／JCAA02自動機芯、儲能48小時／防水30米／限量101只

參考價NT$5,650,000

Epic X Stainless Steel Black DLC腕錶

直徑44毫米黑色DLC精鋼錶殼、藍寶石水晶底蓋／時間指示／JCAM45手上鍊機芯、儲能48小時／防水50米

參考價NT$920,000

Epic X Heart of CR7腕錶

直徑44毫精鋼錶殼、藍寶石水晶底蓋／時間指示／JCAM45手上鍊機芯、儲能48小時／防水50米／限量499只

參考價NT$1,030,000

LOUIS MOINET

發源國家：瑞士　**創始年份**：2004 年　**洽詢電話**：(02)8101-8686

Starman

直徑47.4毫米5N 18K玫瑰金錶殼、藍寶石水晶底蓋／Gibeon 隕石錶盤、12點鐘鑲嵌Jbilet Winselwan隕石／LM139飛行陀飛輪機芯、儲能96小時／防水30米／限量12只

參考價NT$ 6,680,000

Jules Verne Tourbillon - To The Moon

直徑40毫米5N 18K玫瑰金錶殼、藍寶石水晶底蓋／綠色清漆機刻雕花扭索飾紋、月球隕石錶盤／時間指示／LM135手上鍊飛行陀飛輪機芯、儲能96小時／防水30米／限量8只

參考價NT$4,427,000

Cosmopolis

直徑40.7毫米5N 18K玫瑰金錶殼、藍寶石水晶底蓋、黑色砂金石鑲嵌12種隕石錶盤／時間指示／LM135手上鍊飛行陀飛輪機芯、儲能96小時／防水30米／限量3只

參考價NT$8,998,000

Impulsion

直徑42.5毫米5N 18K玫瑰金錶殼、藍寶石水晶底蓋／時間指示、計時碼錶／LM114手上鍊飛行陀飛輪機芯、儲能96小時／防水30米／限量28只

參考價NT$5,232,000

Speed Of Sound

直徑40.7毫米5級鈦金屬錶殼、藍寶石水晶底蓋／機刻雕花扭索飾紋、Aletai鐵隕石錶盤／時間指示、月相顯示、計時碼錶／Valjoux 88手上鍊機芯、儲能40小時／限量20只

參考價NT$2,013,000

Memoris Meteorite SHH Edition

直徑40.7毫米鈦金屬錶殼、藍寶石水晶底蓋／時間指示、計時碼錶／LM84自動機芯、儲能48小時／偏心式時間指示隕石錶盤／防水50米／限量12只

參考價NT$1,288,000

Memoris Spirit

直徑40.7毫米5級鈦金屬錶殼、藍寶石水晶底蓋／時間指示、計時碼錶／自動機芯、儲能48小時／防水50米／限量60只

參考價NT$1,188,000

Tempograph Spirit

直徑40.7毫米18K玫瑰金錶殼、藍寶石水晶底蓋／時間指示、20秒逆跳／LM85自動機芯、儲能48小時／防水50米／限量28只

參考價NT$1,007,000

L

Black Moon

直徑40.7毫米5級鈦金屬錶殼、藍寶石水晶底蓋／時間指示、月相顯示／LM110自動機芯、儲能48小時／防水30米／限量60只

參考價NT$ 1,047,000

Moon Tech

直徑40.7毫米5級鈦金屬錶殼、藍寶石水晶底蓋／月球隕石、三點位置Kapton材質裝飾來自阿波羅11號／時間指示、月相顯示／LM111自動機芯、儲能48小時／30米／限量11只

參考價NT$1,167,000

Time To Race

直徑40.7毫米5級鈦金屬錶殼、藍寶石水晶底蓋／時間指示、計時碼錶／自動機芯、儲能48小時／防水50米／個性化定制

參考價NT$1,273,000

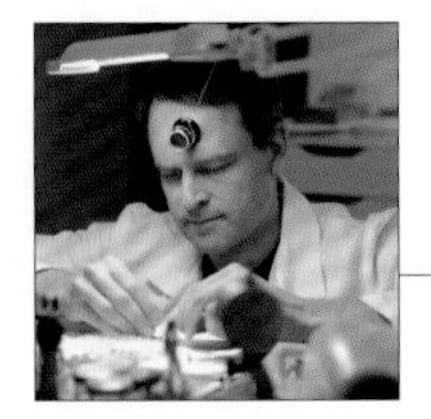

LAINE

發源國家：瑞士　**創始年份**：2014　**洽詢電話**：(02)8770-6918

V38 Frosted腕錶

直徑38毫米精鋼錶殼、透明底蓋／機刻雕紋面盤／時間指示／Vaucher 5401自動機芯、儲能48小時／防水30米

參考價NT$435,000

V38 Frosted腕錶

直徑38毫米精鋼錶殼、透明底蓋／機刻雕紋與隕石面盤／時間指示／Vaucher 5401自動機芯、儲能48小時／防水30米

參考價NT$435,000

V38 Guilloche SPB Special Edition

直徑38毫米18k玫瑰金錶殼、透明底蓋／SPB限定機刻雕紋面盤／時間指示／Vaucher 5401自動機芯、儲能48小時／防水30米／瑞博品十週年限定款

參考價NT$880,000

V38 Guilloche腕錶

直徑38毫米精鋼錶殼、透明底蓋／機刻雕紋面盤／時間指示／Vaucher 5401自動機芯、儲能48小時／防水30米

參考價NT$485,000

GG3 腕錶

直徑40.5毫米不鏽鋼錶殼、透明底蓋／機刻雕紋面盤／時間指示／LA 18.1手上鍊機芯、儲能46小時／防水30米

參考價NT$375,000

LANG & HEYNE

發源國家：德國　**創始年份**：2001年　**洽詢電話**：(02)8770-6918

Georg腕錶

錶徑40×32毫米18k玫瑰金錶殼、透明底蓋／大明火塘瓷琺瑯面盤／時間指示／Caliber VIII手上鍊機芯、儲能55小時／防水30米

參考價請電洽

Anton Manufactur Edition

錶徑40×32毫米鉑金錶殼、透明底蓋／部分鏤空鍍鋅底版與黑色陶瓷面盤／時間指示、飛行陀飛輪 ／Caliber IX手上鍊機芯、儲能55小時／防水30米／原廠限定版，限量5只

參考價請電洽

Anton陀飛輪腕錶

錶徑40×32毫米鉑金錶殼、透明底蓋／大明火塘瓷琺瑯面盤／時間指示、飛行陀飛輪／Caliber IX手上鍊機芯、儲能55小時／防水30米

參考價請電洽

Friedrich III.腕錶

直徑39.2毫米鉑金錶殼、透明底蓋／實心銀面盤／時間指示／Caliber VI手上鍊機芯、儲能55小時／防水30米

參考價請電洽

Friedrich III. Homage Tower Clock Special Edition

錶徑39.2毫米18k玫瑰金錶殼、透明底蓋／黑色填充琺瑯面盤／時間指示／Caliber VI手上鍊機芯、儲能55小時／防水30米／瑞博品十週年限定款／限量5只

參考價請電洽

LAURENT FERRIER

發源國家：瑞士　**創始年份**：2009　**洽詢電話**：(02)8770-6918

Classic Moon月相年曆腕錶

直徑40毫米18k玫瑰金錶殼、透明底蓋／銀質霧面錶盤／時間指示、日期顯示，月相顯示、儲能顯示於背面／LF126.02手上鍊機芯、儲能80小時／防水30米

參考價請電洽

Sport Auto Blue日期自動上鏈腕錶

錶徑41.5毫米5級鈦金錶殼、透明底蓋／漸層藍色錶盤／時間指示、日期顯示／LF270.01自動機芯、儲能72小時／防水120米

參考價請電洽

Grand Sport Tourbillon Pursuit 陀飛輪腕錶

錶徑44毫米5級鈦金錶殼、透明底蓋／漸層鮭魚色錶盤／時間指示／LF619.01手上鍊機芯、雙游絲陀飛輪、儲能80小時／防水120米

參考價請電洽

Classic Micro-Rotor自動上鏈腕錶

錶徑40毫米18K玫瑰金錶殼、透明底蓋／綠色拉絲直紋錶盤／時間指示／LBN 229.01自動機芯、儲能72小時／防水30米

參考價請電洽

Square Micro-Rotor自動上鏈腕錶

錶徑41毫米精鋼錶殼、透明底蓋／藍色拉絲直紋錶盤／時間指示／LBN 229.01自動機芯、儲能72小時／防水30米

參考價請電洽

LOUIS VUITTON

發源國家：法國　**創始年份**：1854年　**洽詢電話**：0080-149-1188

Escale Cabinet of Wonders
奇幻寶箱雲中之龍腕錶

直徑40毫米18K玫瑰金錶殼雕刻日本波浪圖案、藍寶石水晶底蓋／金雕工藝、內填珐瑯和金箔珐瑯／時間指示／LFT023自動機芯、22K玫瑰金自動盤、儲能50小時／防水50米／限量20只　**參考價NT$9,400,000**

Escale腕錶

直徑40.5毫米950鉑金錶殼鑲嵌鑽石、藍寶石水晶底蓋／時間指示／LFT023自動機芯、22K玫瑰金自動盤、儲能50小時／防水50米

參考價NT$5,850,000

Tambour自動腕錶

直徑40毫米18K玫瑰金錶殼與鍊帶、藍寶石水晶底蓋／時間指示／LFT023自動機芯、22K玫瑰金自動盤、儲能50小時／防水50米

參考價NT$1,840,000

Tambour自動腕錶

直徑40毫米18K黃金錶殼與鍊帶、藍寶石水晶底蓋／時間指示／LFT023自動機芯、22K玫瑰金自動盤、儲能50小時／防水50米

參考價NT$1,840,000

Escale腕錶

直徑39毫米18K玫瑰金錶殼、藍寶石水晶底蓋／時間指示／LFT023自動機芯、22K玫瑰金自動盤、儲能50小時／防水50米

參考價NT$910,000

LONGINES 浪琴表

發源國家：瑞士　**創始年份**：1832年　**洽詢電話**：(02)2652-3662

A B C D E F G H I J K L M N O P Q R S T U V W X Y Z

Conquest Heritage中央動力儲存指示腕錶

直徑38毫米不鏽鋼錶殼、透明底蓋／中央內外側圓盤儲能指示／時間指示、日期顯示／L896.5自動機芯、矽游絲、儲能72小時／防水50米

參考價NT$129,500

Legend Diver復刻傳奇潛水腕錶

直徑39毫米不鏽鋼錶殼、內側雙向旋轉潛水錶圈／潮水綠錶盤／時間指示／L888.6自動機芯、矽游絲、儲能72小時、COSC／防水300米

參考價NT$114,700

Master巨擘系列腕錶

直徑34或40毫米不鏽鋼錶殼、18K黃金夾金錶圈、透明底蓋／銀色錶盤／時間指示／L888自動機芯、矽游絲、儲能72小時／防水30米

參考價NT$91,400（34毫米）
NT$96,800（40毫米）

Spirit Zulu Time 先行者系列世界時區鈦金屬腕錶

直徑39毫米5級鈦金屬錶殼、雙向旋轉錶圈鑲嵌啞光黑色與拋光黑色陶瓷／無煙煤色噴砂錶盤／時間指示、日期顯示、世界時區／L844.4自動機芯、矽游絲、儲能72小時、COSC／防水100米　**參考價NT$136,100**

Spirit Flyback先行者系列飛返計時18K金腕錶

直徑42毫米不鏽鋼錶殼、2N 18K黃金夾金外環雙向旋轉錶圈鑲嵌綠色陶瓷、透明底蓋／啞光深綠色錶盤／時間指示、飛返計時／L791.4自動機芯、矽游絲、儲能68小時、COSC／防水100米　**參考價NT$207,800**

Conquest征服者系列腕錶

直徑34毫米不鏽鋼錶殼／薄荷綠渦漩太陽放射紋面盤／時間指示、日期顯示／L888.5自動機芯、矽游絲、儲能72小時／防水100米

參考價NT$69,900

Conquest征服者系列腕錶

直徑42毫米不鏽鋼錶殼、透明底蓋／綠色陶瓷錶圈／銀色啞光太陽放射紋面盤／時間指示、計時碼錶／L898.5自動機芯、矽游絲、儲能59小時／防水100米

參考價NT$125,400

HydroConquest GMT深海征服者系列GMT腕錶

直徑41或43毫米不鏽鋼錶殼、單向旋轉陶瓷錶圈／綠色太陽放射紋錶盤／時間指示、日期顯示、GMT／L844.5矽游絲自動機芯、儲能72小時／防水300米 **參考價NT$100,300**

Pilot Majetek 經典復刻飛行腕錶鈦金屬版

直徑43毫米5級鈦金屬錶殼、雙向旋轉錶圈／啞光黑色粒紋面盤／時間指示／L893.6自動機芯矽游絲、儲能72小時、COSC／防水100米

參考價NT$161,800

Elegant優雅系列月相腕錶

直徑30毫米不鏽鋼與鍍18K玫瑰金錶殼／白色珍珠母貝錶盤／時間指示、日期顯示、月相顯示／L296石英機芯／防水30米

參考價NT$84,500

Mini Dolcevita迷你多情系列雙圈皮革腕錶經典羅馬「flinqué」飾紋面盤搭配不鏽鋼鑲鑽款

直徑21.50×29.00毫米不鏽鋼錶殼／銀色「flinqué」飾紋（機刻雕花），羅馬（長方形）錶盤／時間指示／L178石英機芯／防水30米

參考價NT$122,300

LOUIS ERARD

發源國家：瑞士　**創始年份**：1929年　**洽詢電話**：(02)2712-7178

Louis Erard x Cédric Johner
三針一線聯名限量腕錶淡紫色面盤款

直徑39毫米不鏽鋼錶殼、透視底蓋／時間指示／Sellita SW266-1自動機芯、儲能38小時／防水50米／限量178只

參考價NT$168,000

Louis Erard x Alain Silberstein
Smile Day 灰色限量版

直徑40毫米噴砂二級鈦金屬與拋光五級鈦金屬錶殼、透視底蓋／時間指示、日期顯示／Sellita SW220-1自動機芯、儲能38小時／防水100米／限量178只　**參考價NT$168,000**

Louis Erard x Alain Silberstein Khaki
規範指針陀飛輪腕錶

直徑40毫米噴砂二級鈦金屬與拋光五級鈦金屬錶殼、透視底蓋／霧面卡其色面盤／時間指示／陀飛輪BCP T02手上鍊機芯、儲能100小時／防水100米／限量78只，僅以限量版套組出售　**參考價NT$933,333**

Louis Erard x Olivier Mosset
三針一線聯名款腕錶

直徑42毫米黑色PVD處理噴砂不鏽鋼錶殼、透視底蓋／黑色漆面面盤鑲嵌銀色亮片／時間指示／Sellita SW266-1自動機芯、儲能38小時／防水 50米／黑色小牛皮錶帶並帶有藝術家Olivier Mosset手寫簽名、快拆設計／限量178只

參考價NT$ 157,800

藝術大師系列
三針一線大明火琺瑯腕錶

直徑39毫米不鏽鋼錶殼、透視底蓋／白色大明火琺瑯面盤／時間指示／Sellita SW266-1自動機芯、儲能38小時／防水 50米／限量99只

參考價NT$186,500

MB&F

發源國家：瑞士　**創始年份**：2005年　**洽詢電話**：(02)2775-2768

LM Perpetual EVO萬年曆腕錶

直徑44×17.5毫米鈦金屬錶殼、藍寶石水晶底蓋／時間指示、萬年曆、逆跳閏年、72小時儲能指示／手上鍊機芯／防水80米

參考價NT$6,900,000

Legacy Machine FlyingT 陀飛輪腕錶

直徑38.5×20毫米18K黃金錶殼、藍寶石水晶底蓋／縞瑪瑙錶盤／時間指示／中央飛行陀飛輪框架頂部鑲嵌鑽石／陀飛輪自動機芯、儲能100小時／防水30米

參考價NT$4,700,000

HM N°11 Architect「時居」腕錶

直徑42毫米鈦金屬與藍寶石水晶錶殼／時間指示、96小時儲能指示、溫度計／手上鍊倒置陀飛輪機芯、可以旋轉錶殼或以錶冠上鍊／防水20米／限量25只

參考價NT$8,160,000

HM8 MARK 2腕錶

直徑47×41.5毫米5級鈦金屬和藍色CarbonMacrolon®材質、藍寶石水晶底蓋／跳時和連續分鐘顯示／自動機芯、儲能42小時、22K金自動盤／防水30米／限量33只

參考價NT$2,800,000

LM Sequential Flyback Platinum鉑金腕錶

直徑44×18.2毫米950鉑金錶殼、藍寶石水晶底蓋／時間指示、雙組飛返計時碼錶、追分追秒計時／Twinverter雙向開關／手上鍊機芯、72小時儲能指示位於錶背／防水30米／限量33只

參考價NT$7,750,000

MONTBLANC 萬寶龍

發源國家：德國　**創始年份**：1906年　**洽詢電話**：0800-899-009

A B C D E F G H I J K L M N O P Q R S T U V W X Y Z

1858系列
The Unveiled Timekeeper Minerva限量款100

直徑42.5毫米仿舊精鋼錶殼、單向旋轉凹槽紋18K白金錶圈、藍寶石水晶底蓋／時間指示、計時碼錶／MB M13.21手上鍊機芯、60小時儲能／防水30米／限量100只

參考價歐元50,000

1858系列
單按把計時腕錶Unveiled Minerva限量款100

直徑43毫米精鋼錶殼、18K白金固定式凹槽錶圈／時間指示、計時碼錶／MB M17.26手動上鍊機芯、50小時儲能／防水30米／限量100只

參考價歐元49,000

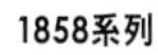

明星傳承系列
鏤空外置陀飛輪Enheduanna腕錶限量款10

直徑44.8毫米18K黃金錶殼、藍寶石水晶底蓋／時間指示／MB M18.69專利外置陀飛輪手上鍊機芯、50小時儲能／防水30米／限量10只

參考價歐元189,000

1858系列
Geosphere世界時間計時零氧腕錶限量款290

直徑44毫米鈦金屬錶殼、雙向旋轉精鋼陶瓷錶圈、3D雷射彩色鐫刻K2山脈和七大高峰的名稱／時間指示、日期與世界時區功能／MB29.27自動機芯、儲能46小時／防水100米／限量290只

參考價NT$329,300

1858系列Geosphere世界時間零氧腕錶
CARBO2限量款1969

直徑43.5毫米零氧鈦金屬和CARBO2纖維錶殼、雙向旋轉鈦金屬陶瓷錶圈、彩色雷射雕刻鈦金屬底蓋／時間指示、日期顯示、南北半球地球儀、24小時制與晝夜指示／MB 29.25自動機芯、42小時儲能／防水100米／限量1969只

參考價NT$299,100

Iced Sea系列零氧腕錶Deep 4810

直徑43毫米鈦金屬錶殼、雷射雕刻後底蓋／時間指示、日期顯示／自製MB 29.29自動機芯、儲能120小時、C.O.S.C.天文台認證／防水4,810米

參考價NT$299,100

Iced Sea日期顯示自動腕錶青銅款

直徑41毫米青銅錶殼、鍍古銅鈦金屬旋入式錶殼底蓋飾有冰山與潛水員的立體鐫刻／時間指示、日期顯示／黑色冰川圖案錶盤／MB 24.17/SW200自動機芯、儲能38小時／防水300米、符合ISO 6425潛水錶認證

參考價NT$129,400

Iced Sea日期顯示自動腕錶

直徑41毫米精鋼錶殼與鍊帶、旋入式精鋼底蓋飾有冰山與黑色潛水員的立體鐫刻／時間指示、日期顯示／漸層柏根地紅色冰川圖案錶盤／MB 24.17/SW200自動機芯、儲能38小時／防水300米、符合ISO 6425潛水錶認證

參考價NT$112,600

1858系列Geosphere世界時間零氧腕錶

直徑42毫米無氧封裝精鋼錶殼、雙向旋轉精鋼與綠色陽極氧化鋁金屬錶圈、雷射雕刻鈦金屬底蓋／時間指示、日期顯示、南北半球地球儀、24小時制與晝夜指示／MB 29.25自動機芯、42小時儲能／防水100米

參考價NT$245,300

1858系列自動計時零氧腕錶

直徑42毫米無氧封裝精鋼錶殼、雙向旋轉精鋼與黑色陶瓷錶圈、雷射雕刻底蓋／時間指示、計時碼錶／MB 25.13自動機芯、48小時儲能／防水100米

參考價NT$171,400

1858系列日期顯示自動零氧腕錶

直徑41毫米無氧封裝精鋼錶殼、固定式精鋼與黑色陶瓷錶圈、雷射雕刻底蓋／時間指示、日期顯示／MB 24.17/SW200自動機芯、38小時儲能／防水100米

參考價NT$107,500

明星傳承系列Nicolas Rieussec大師傑作系列100週年限量計時腕錶

直徑43毫米精鋼錶殼、藍寶石水晶底蓋／時間指示、第二時區、日期顯示、計時碼錶／MB R200自動機芯、儲能72小時／防水50米／限量500只

參考價NT$299,100

明星傳承系列
世界時區環遊世界80天腕錶限量款360

直徑43毫米精鋼錶殼、藍寶石水晶底蓋／時間指示、世界時區／MB 29.20自動機芯、儲能42小時／防水50米／限量360只

參考價NT$260,400

明星傳承系列星期／日期計時腕錶限量款800

直徑43毫米精鋼錶殼與鍊帶、藍寶石水晶底蓋／時間指示、計時碼錶、日期與星期顯示／MB 25.07自動機芯、儲能48小時／防水48米／限量800只

參考價NT$177,800

明星傳承系列星期／日期計時腕錶限量款800

直徑43毫米精鋼錶殼、藍寶石水晶底蓋／時間指示、計時碼錶、日期與星期顯示／MB 25.07自動機芯、儲能48小時／防水48米／限量800只

參考價NT$167,700

明星傳承系列日期顯示自動腕錶限量款800

直徑43毫米精鋼錶殼與鍊帶、藍寶石水晶底蓋／時間指示、日期顯示／MB 24.17自動機芯、儲能38小時／防水50米／限量800只

參考價NT$120,600

明星傳承系列日期顯示自動腕錶限量款800

直徑43毫米精鋼錶殼、藍寶石水晶底蓋／時間指示、日期顯示／MB 24.17自動機芯、儲能38小時／防水50米／限量800只

參考價NT$110,600

明星傳承系列計時腕錶限量款1786

直徑42毫米精鋼錶殼、藍寶石水晶底蓋／時間指示、計時碼錶、日期顯示／MB 25.13自動機芯、儲能56小時／防水50米／限量1786只

參考價NT$154,600

明星傳承系列月相腕錶限量款1786

直徑42毫米精鋼錶殼、藍寶石水晶底蓋／時間指示、月相顯示、日期指示／MB 24.31自動機芯、儲能50小時／防水50米／限量1786只

參考價NT$152,900

明星傳承系列日期顯示自動腕錶限量款1786

直徑39毫米精鋼錶殼、藍寶石水晶底蓋／時間指示、日期顯示／MB 24.17自動機芯、儲能38小時／防水50米／限量1786只

參考價NT$79,000

寶曦系列晝夜顯示腕錶

直徑34毫米精鋼錶殼、藍寶石水晶底蓋／時間指示、日期與晝夜顯示／MB 24.20自動機芯、儲能42小時／防水30米

參考價NT$131,000

寶曦系列晝夜顯示腕錶

直徑30毫米精鋼錶殼、藍寶石水晶底蓋／時間指示、日期與晝夜顯示／MB 24.20自動機芯、儲能42小時／防水30米

參考價NT$129,400

寶曦系列日期顯示自動腕錶

直徑30毫米精鋼錶殼、藍寶石水晶底蓋／時間指示、日期顯示／MB 24.19自動機芯、儲能38小時／防水30米

參考價NT$105,900

MIDO

發源國家：瑞士　**創始年份**：1918年　**洽詢電話**：(02)2652-3666

先鋒系列鏤空腕錶

直徑42毫米不鏽鋼錶殼／時間指示／Caliber 80.631自動機芯、Nivachron™ 鈦游絲、儲能80小時

參考價NT$36,800

海洋之星39自動腕錶

直徑39毫米不鏽鋼錶殼、單向鋁合金旋轉錶圈／時間指示、日期顯示／Caliber72自動機芯、Nivachron™ 鈦游絲、儲能72小時

參考價NT$35,600

先鋒系列TV大日期窗腕錶

直徑40毫米玫瑰金PVD不鏽鋼錶殼、透明底蓋／緞面漸變錶盤／時間指示、大日期顯示／Caliber 80. 651自動機芯、Nivachron™ 鈦游絲、儲能80小時

參考價NT$40,100

Ocean Star GMT海洋之星雙時區特別版-鯊魚錶

直徑40.5毫米不鏽鋼錶殼、藍色鋁合金雙向旋轉錶圈／時間指示、日期顯示、GMT／Caliber 80.661自動機芯、Nivachron™ 鈦游絲、儲能80小時

參考價NT$43,400

先鋒系列M天文台認證腕錶

直徑42毫米不鏽鋼錶殼、透明底蓋／時間指示、日期星期顯示／Caliber 80.821自動上鍊機芯、矽遊絲、COSC、儲能80小時

參考價NT$42,400

MIDO海洋之星天文台認證600米特別版

直徑43.5毫米不鏽鋼錶殼、深綠色陶瓷單向旋轉錶圈／時間指示、日期顯示／Caliber 80自動機芯、矽遊絲、COSC、儲能80小時

參考價NT$63,800

永恆系列月相計時碼錶

直徑42毫米玫瑰金PVD不鏽鋼錶殼、透明底蓋／時間指示、日期顯示、星期及月份顯示、計時、月相／Caliber A05.221自動機芯、Nivachron™ 鈦游絲、儲能60小時

參考價NT$94,700

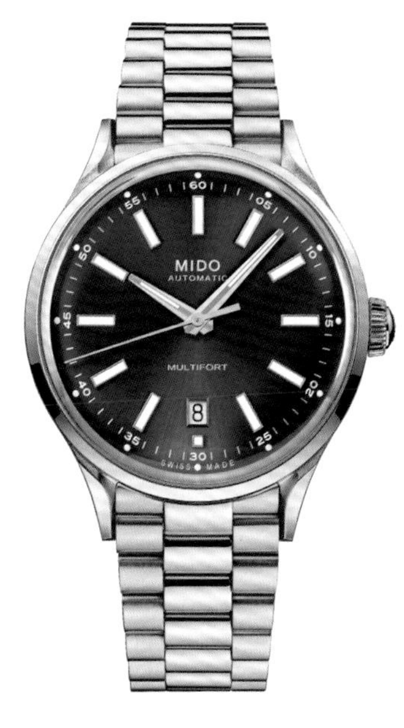

先鋒系列傳承者腕錶

直徑40毫米不鏽鋼錶殼、透明底蓋／時間指示、日期顯示／Caliber 80.621自動機芯、Nivachron™ 鈦游絲、儲能80小時

參考價NT$32,300

海洋之星36.5女士自動腕錶

直徑36.5毫米玫瑰金PVD不鏽鋼錶殼／時間指示、日期顯示／Caliber 80.611自動機芯、Nivachron™ 鈦游絲、儲能80小時

參考價NT$39,000

Commander Lady香榭系列女士自動腕錶

直徑35毫米金色PVD不鏽鋼錶殼／時間指示、日期顯示／Caliber 72自動機芯、Nivachron™ 鈦游絲、儲能72小時

參考價NT$40,100

花雨系列女仕腕錶

直徑34毫米不鏽鋼錶殼／時間指示、日期顯示／Caliber 80.611自動機芯、儲能80小時

參考價NT$36,000

MORITZ GROSSMANN

發源國家：德國　**創始年份**：2008年　**洽詢電話**：(02) 8770-6918

A B C D E F G H I J K L M N O P Q R S T U V W X Y Z

Primavera Classic Blue 台灣限定款

直徑41毫米精鋼錶殼、透明底蓋／經典藍實心銀面盤／時間指示、停秒裝置／格羅斯曼按鈕式100.1型自製手上鍊機芯、儲能42小時／瑞博品十週年限定款／限量10只

參考價請電洽

Backpage 鏡面機芯腕錶

直徑41毫米18K玫瑰金錶殼、透明底蓋／實心銀面盤、拋光鋼質紫棕色退火指針／時間指示、停秒裝置／格羅斯曼按鈕式107.0型自製鏡面翻轉手上鍊機芯、儲能42小時

參考價請電洽

TOURBILLON Tremblage陀飛輪腕錶台灣限定款

直徑44.5毫米18K玫瑰金錶殼、透明底蓋／德國銀面盤、內側錶盤經Tremblage顫動工法手工雕刻／時間指示、三分鐘飛行陀飛輪搭載髮束停秒裝置／格羅斯曼按鈕式103.0型自製手上鍊機芯、儲能72 小時／瑞博品十週年限定款／另有白金款，各限量1只　**參考價請電洽**

TEFNUT Silver-Plated by Friction手拭銀腕錶

直徑39毫米18K玫瑰金錶殼、透明底蓋／手工拭銀面盤、拋光鋼質紫棕色退火指針／時間指示／102.1型自製手上鍊機芯、儲能48小時

參考價請電洽

TOURBILLON Tremblage陀飛輪腕錶

直徑44.5毫米18K白金錶殼、透明底蓋／德國銀面盤、內側錶盤經Tremblage顫動工法手工雕刻／時間指示、三分鐘飛行陀飛輪搭載髮束停秒裝置／格羅斯曼按鈕式103.0型自製手上鍊機芯、儲能72 小時／限量8只

參考價請電洽

NOMOS

發源國家：德國　**創始年份**：1990年　**洽詢電話**：(02)2926-6699

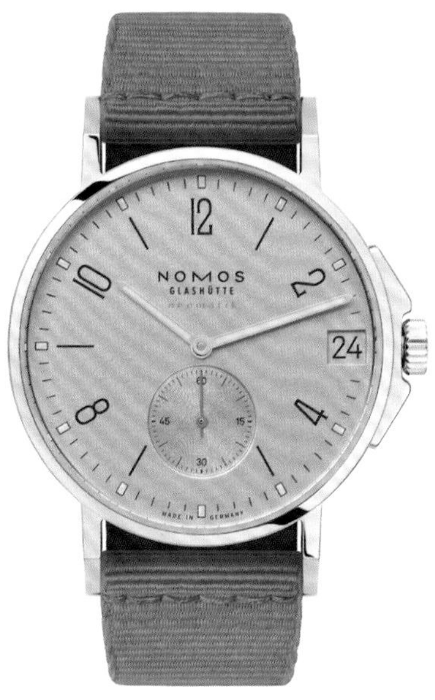

Ahoi neomatik 38 date sand

直徑38.5毫米德國不鏽鋼錶殼／卡其色系錶盤／時間指示、日期顯示／DUW 6101自製自動機芯、儲能42小時／防水20米

參考價NT$ 148,000

Metro 33 muted red

直徑33毫米德國不鏽鋼錶殼／酒紅色電鍍錶盤／時間指示／Alpha手動機芯、儲能43小時／防水5米

參考價NT$ 79,000

Club Campus 38 cream coral

直徑38.5毫米德國不鏽鋼錶殼／珊瑚色錶盤／時間指示／Alpha手動機芯、儲能43小時／防水10米

參考價NT$ 50,400

Club Campus deep pink

直徑36毫米德國不鏽鋼錶殼／粉紅色錶盤／時間指示／Alpha手動機芯、儲能43小時／防水10米

參考價NT$ 46,200

Club Sport neomatik 42 date black

直徑42毫米德國不鏽鋼錶殼／黑色電鍍錶盤／時間指示、日期顯示／DUW 6101自製自動機芯、儲能42小時／防水30米

參考價NT$ 129,800

OMEGA 歐米茄

發源國家：瑞士　**創始年份**：1881年　**洽詢電話**：0800-360-166

特別系列 2024巴黎奧運腕錶青銅金版本

直徑43毫米青銅金錶殼／銀色錶盤／時間指示、世界時區／歐米茄8926手上鍊機芯、COSC、大師天文台認證、儲能72小時／防水30米

參考價NT$396,000

星座系列41毫米隕石面盤

直徑41毫米不鏽鋼錶殼、透明底蓋／灰色錶盤／時間指示、日期顯示、時區功能／歐米茄8900自動機芯、COSC認證、大師天文台認證、儲能60小時／防水50米

參考價NT$321,000

超霸Chronoscope系列43毫米Moonshine™金 (2024巴黎奧運紀念款)

直徑43毫米Moonshine™金錶殼／銀色錶盤／時間指示、計時功能、世界時區／歐米茄9909手上鍊機芯、COSC、大師天文台認證、儲能60小時／防水50米　**參考價NT$1,700,000**

超霸系列專業登月錶42毫米

直徑42毫米不鏽鋼錶殼、透明底蓋／白色錶盤／時間指示、計時功能／歐米茄 3861手上鍊機芯、COSC認證、大師天文台認證、儲能50小時／防水50米

參考價NT$268,000

超霸系列月之暗面腕錶44.25毫米(APOLLO 8)

直徑42毫米黑色陶瓷錶殼、透明底蓋／黑色錶盤／時間指示、計時功能／歐米茄 3869手上鍊機芯、COSC認證、大師天文台認證、儲能50小時／防水50米

參考價NT$471,000

ORIS 豪利時

發源國家:瑞士　**創始年份**:1904年　**洽詢電話**:(02)7709-6687

Aquis計時碼錶

直徑43.5毫米不鏽鋼錶殼、單向旋轉陶瓷刻度錶圈／漸層藍面盤／時間指示、日期顯示、計時功能、停秒裝置／Oris 771自動機芯、儲能62小時／防水300米

參考價NT$148,000

大堡礁IV限量腕錶

直徑43.5毫米不鏽鋼錶殼、灰色鎢合金單向旋轉錶圈／時間指示、日期顯示、停秒裝置／Calibre 400自動機芯、高抗磁、儲能120小時／防水300米／限量2,000只

參考價NT$128,800

ORIS x LFP 限量腕錶

直徑38毫米不鏽鋼錶殼、單向旋轉錶圈／時間指示、日期顯示、停秒裝置／Oris 733自動機芯、儲能41小時／防水100米

參考價NT$88,000

ProPilot X Cal. 400雷射腕錶

直徑39毫米鈦合金錶殼、透明底蓋／時間指示、停秒裝置／Calibre 400自動機芯、高抗磁、儲能120小時／防水100米

參考價NT$170,000

Hölstein 2024 限量腕錶

直徑40毫米黑色DLC塗層不鏽鋼錶殼、單向旋轉錶圈／時間指示、日期顯示、停秒裝置／Calibre 400自動機芯、高抗磁、儲能120小時／防水100米／限量250只

參考價NT$130,000

PATEK PHILIPPE 百達翡麗

發源國家：瑞士　**創始年份**：1839年　**洽詢電話**：(02)2515-3560

5236P-010 Grand Complications
並列顯示萬年曆腕錶

直徑41.3毫米950鉑金錶殼、6點鐘位置鑲嵌單顆鑽石、藍寶石水晶底蓋、備有鉑金底蓋可供轉換／時間指示、並列顯示萬年曆、月相盈虧、兩個圓形顯示窗分別為閏年和日夜顯示／31-260 PS QL自動機芯、儲能48小時、鉑金微型自動盤

5270P-014 Grand Complications
萬年曆計時腕錶

直徑41毫米950鉑金錶殼、6點鐘位置鑲嵌單顆鑽石、藍寶石水晶底蓋、金質底蓋可更換／時間指示、萬年曆功能、月相盈虧顯示、計時碼錶／CH 29-535 PS Q手上鍊機芯、儲能65小時／防水30米

6300/401G-001 Grand Complications
大師報時高級珠寶腕錶

直徑49.4毫米18K白金可翻轉錶殼、鑲嵌118顆藍寶石約11.9克拉和291顆鑽石約20.54克拉／時間指示、大小自鳴三問報時、打簧報時響鬧與日期、萬年曆、兩地時間日夜顯示、錶冠位置顯示、72小時儲能指示／300 GS AL 36-750 QIS FUS IRM手上鍊機芯

6104R-001 Grand Complications腕錶

直徑44毫米18K玫瑰金錶殼鑲嵌38顆鑽石共約4.27克拉、藍寶石水晶底蓋／時間指示、蒼穹圖、月相與月球軌跡、日期指示／240 LU CL C自動機芯、儲能48小時／防水30米

5520RG-001 Grand Complications
兩地時間響鬧腕錶

直徑42.2毫米18K玫瑰金錶殼、藍寶石水晶底蓋／時間指示、24小時音簧響鬧功能、兩地時間、當地與家鄉時間日夜顯示、日期指示／AL 30-660 S C FUS自動機芯、儲能52小時

7040／250G-001 Grand Complications
女裝三問腕錶

直徑36毫米18K白金錶殼鑲嵌194顆鑽石約0.96克拉、藍寶石水晶底蓋、金質底蓋可更換／時間指示、三問報時／R 27 PS自動機芯、22K金微型自動盤、儲能48小時／藍色琺瑯錶盤

5531G-001 Grand Complications
珍稀手工藝世界時區三問腕錶

直徑40.2毫米18K白金錶殼、藍寶石水晶底蓋、金質底蓋可更換／時間指示、世界時區、三問報時／R 27 HU自動機芯、儲能48小時／大明火掐絲琺瑯錶盤

5160／500R-001 Grand Complications
逆跳日期萬年曆腕錶

直徑38毫米18K玫瑰金錶殼、藍寶石水晶底蓋、軍官式18K玫瑰底蓋／時間指示、萬年曆、逆跳日期、月相盈虧／26-330 S QR自動機芯、儲能45小時／防水30米

5316／50P-001 Grand Complications
三問萬年曆陀飛輪腕錶

直徑40.2毫米950鉑金錶殼、6點鐘位置鑲嵌單顆鑽石、藍寶石水晶底蓋、金質底蓋可更換／時間指示、三問報時、逆跳日期萬年曆、月相盈虧／藍色漸變黑藍寶石水晶錶盤／R TO 27 PS QR陀飛輪機芯、儲能48小時

5212A-001 Complications週曆腕錶

直徑40毫米精鋼錶殼、藍寶石水晶底蓋／時間指示、日期顯示、指針指示週數與星期／26-330 S C J SE自動機芯、儲能45小時／防水30米

5396G-017 Complications年曆腕錶

直徑38.5毫米18K白金錶殼、藍寶石水晶底蓋／時間指示、年曆功能、月相盈虧、24小時指示／26-330 S QA LU 24H自動機芯、儲能45小時／防水30米

4947/1A-001 Complications年曆腕錶

直徑38毫米精鋼錶殼與鍊帶、藍寶石水晶底蓋/時間指示、年曆功能、月相盈虧顯示/324 S QA LU自動機芯、儲能45小時/防水30米

7121/200G-001 Complications 月相盈虧腕錶

直徑33毫米18K白金錶殼鑲嵌132顆鑽石共1.09克拉、藍寶石水晶底蓋/時間指示、月相盈虧顯示/215 PS LU手上鍊機芯、儲能44小時/防水30米

5172G-010 Complications經典男裝計時腕錶

直徑41毫米18K白金錶殼、藍寶石水晶底蓋/時間指示、計時碼錶/CH 29-535 PS手上鍊機芯、儲能65小時/防水30米

5905R-011 Complications飛返計時年曆腕錶

直徑42毫米18K玫瑰金錶殼、藍寶石水晶底蓋/時間指示、計時碼錶、年曆、日夜顯示/CH 28-520 QA 24H自動機芯、儲能55小時/防水30米

5224R-001 Complications 24小時制兩地時間腕錶

直徑42毫米18K玫瑰金錶殼、藍寶石水晶底蓋/31-260 PS FUS 24H自動機芯、微型鉑金自動盤、儲能48小時/時間指示、24小時制兩地時間/防水30米

5924G-010 Complications 飛行員兩地時間計時碼錶

直徑42毫米18K白金錶殼、藍寶石水晶底蓋/時間指示、兩地時間，家鄉和當地時間日夜顯示、日期指示、計時碼錶/CH 28-520 C FUS自動機芯、儲能55小時/防水30米

5330G-001 Complications世界時區腕錶

直徑40毫米18K白金錶殼、藍寶石水晶底蓋／時間指示、世界時區、日期指示／240 HU C 超薄自動機芯、儲能48小時／防水30米

7130R-014 Complications 世界時區女裝玫瑰金腕錶

直徑36毫米18K玫瑰金錶殼鑲嵌89顆鑽石約1.03克拉、藍寶石水晶底蓋／時間指示、世界時區／240 HU自動機芯、儲能48小時／防水30米

4997/200R-001 Calatrava腕錶

直徑35毫米18K玫瑰金錶殼鑲嵌76顆鑽石總重約0.55克拉、藍寶石水晶底蓋／時間指示／240自動機芯、儲能48小時／防水30米

6007G-001 Calatrava腕錶

直徑40毫米18K白金錶殼、藍寶石水晶底蓋／時間指示、日期顯示／26-330 S C 自動機芯、停秒、儲能45小時／防水30米

5226G-001 Calatrava腕錶

直徑40毫米18K白金錶殼、藍寶石水晶底蓋／時間指示、日期顯示／26-330 S C 自動機芯示、儲能45小時／防水30米／附可替換的黑色小牛皮壓紋錶帶

6119R-001 Calatrava腕錶

直徑39毫米18K玫瑰金錶殼、藍寶石水晶底蓋／時間指示、停秒裝置／30-255 PS手上鍊機芯、儲能65小時／防水30米

4962/200R-010 Gondolo腕錶

直徑28.6×40.85毫米18K玫瑰金錶殼鑲嵌94顆錳鋁榴石總重共約2.02克拉／錶盤鑲鑽／時間指示／E 15石英機芯／防水30米

7042/100G-010 Gondolo腕錶

直徑31×34.8毫米18K白金錶殼與鍊帶鑲嵌552顆鑽石共約6.04克拉與珍珠、藍寶石水晶底蓋／錶盤鑲鑽／時間指示／215手上鍊機芯、儲能44小時／防水30米

5738/1R-001 Golden Ellipse腕錶

直徑34.5×39.5毫米18K玫瑰金錶殼與鍊帶、錶冠鑲嵌一顆凸圓縞瑪瑙／時間指示／240超薄自動機芯、儲能48小時／防水30米

7118/1451G-001 Nautilus高級珠寶腕錶

直徑35.2毫米18K白金錶殼、鍊帶和錶盤鑲嵌876顆藍寶石共約6.58克拉與1500顆鑽石約6.53克拉、藍寶石水晶底蓋／ 時間指示／26-330 S自動機芯、儲能45小時／防水30米

5980/60G-001 Nautilus飛返計時碼錶

直徑40.5毫米18K白金錶殼、藍寶石水晶底蓋／時間指示、飛返計時碼錶、日期顯示／CH 28-520 C自動機芯、儲能55小時／防水30米

5164G-001 Aquanaut兩地時間腕錶

直徑40.8毫米18K白金錶殼、藍寶石水晶底蓋／時間指示、兩地時間、當地與家鄉時間日夜顯示、日期指示／26-330 S C FUS自動機芯、儲能45小時／防水30米

5968R-001 Aquanaut計時碼錶

直徑42.2毫米18K玫瑰金錶殼、藍寶石水晶底蓋／CH 28-520 C／528自動機芯、儲能55小時／時間指示、日期顯示、飛返計時／防水120米

5268/461G-001 Aquanaut Luce 高級珠寶腕錶

直徑38.8毫米18K白金錶殼、錶殼與錶盤共鑲嵌72顆長方形藍寶石共約5.29克拉、38顆長方形鑽石共約2.03克拉、160顆鑽石共約0.71克拉、藍寶石水晶底蓋／時間指示／26-330 S自動機芯、儲能45小時／防水30米

5269R-001 Aquanaut兩地時間腕錶

直徑38.8毫米18K玫瑰金錶殼／時間指示、兩地時間、日夜視窗顯示家鄉時間／E 23-250 S FUS 24H石英機芯／防水30米

7300/1200A-011 Twenty~4自動腕錶

直徑36毫米精鋼錶殼鑲嵌160顆鑽石總重約0.77克拉、藍寶石水晶底蓋／時間指示、日期顯示／324 S C自動機芯／防水30米

7300/1200R-010 Twenty~4自動腕錶

直徑36毫米18K玫瑰金錶殼與鍊帶鑲嵌160顆鑽石約0.77克拉、藍寶石水晶底蓋／時間指示、日期顯示／324 S C自動機芯、儲能45小時／防水30米

4910/1201R-010 Twenty~4腕錶

直徑25.1×30毫米18K玫瑰金錶殼鑲嵌34顆鑽石共0.63克拉／時間指示／E 15石英機芯／防水30米

PANERAI 沛納海

發源國家：義大利　**創始年份**：1860年　**洽詢電話**：0800-699-288

Submersible QuarantaQuattro Luna Rossa Ti-Ceramitech™ PAM01466

直徑44毫米藍色 Ti-Ceramitech™ 鈦金屬陶瓷材質錶殼與單向旋轉錶圈、磨砂鈦金屬錶背／時間指示、日期顯示／P.900 自動機芯、3日儲能、停秒功能／防水500米

參考價NT$510,000

Submersible QuarantaQuattro Luna Rossa Ti-Ceramitech™ PAM01543

直徑44毫米藍色Ti-Ceramitech™鈦金屬陶瓷材質錶殼與單向旋轉錶圈、磨砂鈦金屬錶背／時間指示、日期顯示／P.900自動機芯、3日儲能、停秒功能／防水500米

參考價NT$510,000

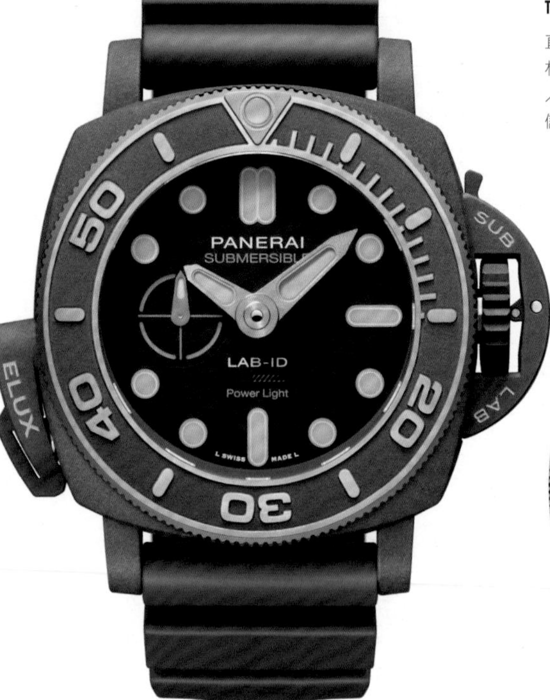

Submersible Elux LAB-ID PAM01800

直徑49毫米藍色Ti-Ceramitech™鈦金屬陶瓷材質錶殼、單向旋轉錶圈與底蓋、底蓋標誌ELUX字樣／時間指示、隨按即亮的動能發光功能可達30分鐘、按需發光直線儲能指示／P.9010／EL自動機芯、6枚發條盒、3日儲能、停秒功能／防水500米／限量150只

參考價NT$3,344,000

Submersible GMT Luna Rossa Titanio PAM01507

直徑42毫米磨砂鈦金屬錶殼錶殼、單向旋轉陶瓷錶圈、磨砂鈦金屬錶背／時間指示、日期顯示、24小時制GMT兩地時間／P.900／GMT自動機芯、3日儲能／防水500米

參考價NT$378,000

Submersible Luna Rossa PAM01579

直徑42毫米磨砂AISI 316L精鋼錶殼、單向旋轉陶瓷錶圈／時間指示、日期顯示／P.900自動機芯、3日儲能、停秒功能／防水300米

參考價NT$338,000

Submersible QuarantaQuattro Luna Rossa PAM01681

直徑44毫米磨砂AISI 316L精鋼錶殼、單向旋轉陶瓷錶圈／時間指示、日期顯示／P.900自動機芯、3日儲能／防水300米／限量137只

參考價NT$372,000

Submersible QuarantaQuattro GMT Navy SEALs Carbotech™ PAM01513

直徑44毫米Carbotech™ 錶殼與單向旋轉錶圈／時間指示、日期顯示、GMT、停秒功能／P.900／GMT自動機芯、3日儲能／防水500米

參考價NT$607,000

Submersible QuarantaQuattro Navy SEALs PAM01518

直徑44毫米磨砂AISI 316L精鋼錶殼與單向旋轉錶圈／時間指示、停秒功能／P.900自動機芯、3日儲能／防水300米

參考價NT$314,000

Submersible Navy SEALs Titanio PAM01669

直徑47毫米磨砂鈦金屬錶殼、單向旋轉Carbotech™ 錶圈／時間指示、日期顯示、停秒功能／ P.9010自動機芯、3日儲能／防水300米

參考價NT$420,000

Submersible Chrono Navy SEALs Titanio PAM01521

直徑47毫米DLC鈦金屬錶殼、單向旋轉陶瓷錶圈／時間指示、飛返計時、停秒與秒針歸零功能／ P.9100／R自動機芯、3日儲能／防水500米

參考價NT$1,067,000

Luminor Marina PAM01314

直徑44毫米精鋼錶殼／時間指示、日期顯示／P.9010自動機芯、3日儲能／防水300米

參考價NT$269,000

Luminor Dieci Giorni GMT PAM01482

直徑44毫米精鋼錶殼、藍寶石水晶底蓋／時間指示、十日線性儲能指示、日期顯示、兩地時間與日夜指示／P.2003自動機芯、秒針歸零／防水100米

參考價NT$ 468,000

Luminor Dieci Giorni GMT Ceramica PAM01483

直徑44毫米黑色陶瓷錶殼、藍寶石水晶底蓋／時間指示、十日線性儲能指示、日期顯示、兩地時間與日夜指示／P.2003自動機芯、秒針歸零／防水100米

參考價NT$ 601,000

Luminor Quaranta Carbotech™ PAM01526

直徑40毫米Carbotech™ 錶殼、藍寶石水晶與DLC鍍層鈦金屬底蓋／時間指示、日期顯示／P.900自動機芯、3日儲能／防水300米

參考價NT$408,000

Luminor Quaranta BiTempo Metal Bracelet PAM01640

直徑40毫米精鋼錶殼、藍寶石水晶底蓋／時間指示、GMT兩地時區、日期顯示／P.900／GMT自動機芯、秒針歸零、3日儲能／防水100米

參考價NT$302,000

Luminor Quaranta™ BiTempo Goldtech™ PAM01641

直徑40毫米Goldtech™錶殼、藍寶石水晶底蓋／時間指示、GMT兩地時區、日期顯示／P.900／GMT自動機芯、秒針歸零、3日儲能／防水100米

參考價NT$782,000

Luminor Perpetual Calendar Platinumtech™ PAM00715

直徑44毫米Platinumtech™錶殼、藍寶石水晶底蓋／正面錶盤：時間指示、兩地時間、日夜顯示、星期和日期顯示；背面錶盤：閏年和月份顯示、3日儲能顯示、4位數字年份顯示窗／P.4100自動機芯

參考價NT$2,229,000

Luminor Marina Goldtech™ PAM01112

直徑44毫米Goldtech™紅金錶殼、藍寶石水晶底蓋／時間指示、日期顯示／P.9010自動機芯、3日儲能／防水50米

參考價NT$824,000

Luminor Tourbillon GMT Goldtech™ PAM01060

直徑47毫米 Goldtech™錶殼、藍寶石水晶底蓋／時間指示、兩地時間、24小時指示、六日儲能指示／P.2005／T手上鍊陀飛輪機芯／防水50米

參考價NT$5,851,000

Luminor Destro Otto Giorni PAM01655

直徑44毫米精鋼錶殼、藍寶石水晶底蓋／時間指示／P.5000手上鍊機芯、8日儲能／防水300米

參考價NT$248,000

Luminor Due PAM01423

直徑42毫米18K黃金錶殼、藍寶石水晶底蓋／時間指示／P.900自動機芯、3 日儲能／防水50米

參考價NT$661,000

Luminor Due Luna PAM01180

直徑38毫米精鋼錶殼／時間指示、月相盈虧顯示／P.900／MP自動機芯、3日儲能／防水30米

參考價NT$296,000

Luminor Due Luna Goldtech™ PAM01181

直徑38毫米Goldtech™紅金錶殼、藍寶石水晶底蓋／時間指示、月相盈虧顯示／P.900／MP自動機芯、3日儲能／防水30米

參考價NT$661,000

Luminor Due Metal Bracelet PAM01508

直徑38毫米精鋼錶殼與鍊帶／時間指示、日期顯示／P.900自動機芯、3日儲能／防水50米

參考價NT$242,000

Luminor Due Metal Bracelet PAM01539

直徑42毫米精鋼錶殼與鍊帶／時間指示、日期顯示／P.900自動機芯、3日儲能／防水50米

參考價NT$254,000

Luminor Due Metal Bracelet PAM01387

直徑42毫米精鋼錶殼與鍊帶／時間指示、日期顯示／P.900自動機芯、3日儲能／防水50米

參考價NT$254,000

Luminor Due TuttoOro PAM01442

直徑42毫米Goldtech™紅金錶殼與鍊帶、藍寶石水晶底蓋／時間指示、日期顯示／P.900自動機芯、3日儲能／防水50米

參考價NT$1,268,000

Luminor Due TuttoOro PAM01494

直徑42毫米Goldtech™紅金錶殼與鍊帶、藍寶石水晶底蓋／時間指示、日期顯示／P.900自動機芯、3日儲能／防水50米

參考價NT$1,268,000

Radiomir Quaranta Goldtech™ PAM01026

直徑40毫米Goldtech™紅金錶殼、藍寶石水晶底蓋／時間指示、日期顯示／ P.900自動機芯、3日儲能／防水50米

參考價NT$ 559,000

Radiomir Quaranta PAM01437

直徑40毫米18K黃金錶殼、藍寶石水晶底蓋／時間指示、日期顯示／ P.900自動機芯、3日儲能／防水50米

參考價NT$ 559,000

Radiomir Otto Giorni PAM01347

直徑45毫米Brunito eSteel™鑄造錶殼及錶圈、藍寶石水晶底蓋／時間指示／P.5000手上鍊機芯、8日儲能／防水100米

參考價NT$299,000

Radiomir Otto Giorni PAM01348

直徑45毫米Brunito eSteel™鑄造錶殼及錶圈、藍寶石水晶底蓋／時間指示／ P.5000手上鍊機芯、8日儲能／防水100米

參考價NT$299,000

Radiomir Perpetual Calendar GMT Goldtech™ PAM01453

直徑45毫米Goldtech™紅金錶殼、藍寶石水晶底蓋／正面錶盤：時間指示、兩地時間、日夜顯示、星期和日期顯示；背面錶盤：閏年和月份顯示、3日儲能顯示、4位數字年份顯示窗／P.4100自動機芯／防水100米

參考價NT$1,548,000

Radiomir Annual Calendar PAM01363

直徑45毫米Goldtech™紅金錶殼、藍寶石水晶底蓋／時間指示、年曆顯示／P.9010／AC自動機芯、3日儲能／防水100米

參考價NT$1,239,000

Radiomir Annual Calendar PAM01364

直徑45毫米Platinumtech™錶殼、藍寶石水晶底蓋／時間指示、年曆顯示／P.9010／AC 自動機芯、3日儲能／防水100米

參考價NT$1,827,000

P

PARMIGIANI FLEURIER 帕瑪強尼

發源國家：瑞士　**創始年份**：1996年　**洽詢電話**：(02)2563-3538

A B C D E F G H I J K L M N O P Q R S T U V W X Y Z

Toric雙秒追針玫瑰金計時碼錶

直徑42.5毫米18K玫瑰金錶殼、滾花錶圈、藍寶石水晶底蓋／天然棕土色18K玫瑰金錶盤／時間指示、雙追針計時功能／自製PF361手上鍊機芯、儲能65小時／防水30米／限量30只

參考價NT$4,809,000

Tonda PF系列雙秒追針玫瑰金計時碼錶

直徑42毫米18K玫瑰金錶殼與鍊帶、滾花錶圈、藍寶石水晶底蓋金／950鉑金錶盤／時間指示、雙追針計時功能／自製PF361手上鍊機芯、儲能65小時／防水100米／限量30只

參考價NT$5,642,000

Toric小三針鉑金腕錶

直徑40.6毫米950鉑金錶殼、滾花錶圈、藍寶石水晶底蓋／灰綠色18K白金錶盤／時間指示／自製PF780手上鍊機芯、儲能60小時／防水30米

參考價NT$1,852,000

Tonda PF系列夏曆腕錶

直徑42毫米精鋼錶殼與鍊帶、950鉑金滾花錶圈、藍寶石水晶底蓋／「格壯大麥粒」機鏤飾紋錶盤／時間指示、月相盈虧、中國傳統曆法（生肖、干支年份、五行、二十四節氣、農曆月份、閏月、陰陽）／PF008自動機芯、儲能54小時／防水100米

參考價NT$2,262,000

Tonda PF系列Hijri Perpetual Calendar腕錶

直徑42毫米精鋼錶殼與鍊帶、950鉑金滾花錶圈、藍寶石水晶底蓋／「格壯大麥粒」機鏤飾紋錶盤／時間指示、月相盈虧、伊斯蘭農曆傳統曆法／PF009自動機芯、儲能48小時／防水100米

參考價NT$2,226,000

Tonda PF系列飛行陀飛輪腕錶

直徑42毫米950鉑金錶殼與鍊帶、滾花錶圈、藍寶石水晶底蓋／「格壯大麥粒」機鏤飾紋錶盤／時間指示／PF517自動飛行陀飛輪機芯、950鉑金微型自動盤、儲能48小時／防水100米 **參考價NT$5,460,000**

Tonda PF系列鏤空鉑金腕錶

直徑40毫米950鉑金錶殼、滾花錶圈、藍寶石水晶底蓋／時間指示／自製PF777自動機芯、儲能60小時／防水100米

參考價NT$4,168,000

Tonda PF系列追針兩地時間腕錶

直徑40毫米18K玫瑰金錶殼與鍊帶、滾花錶圈、藍寶石水晶底蓋／「格壯大麥粒」機鏤飾紋錶盤／時間指示、追針兩地時間／PF051自動機芯、22K玫瑰金微型自動盤、儲能48小時／防水60米 **參考價NT$2,184,000**

Tonda PF Sport計時碼錶

直徑42毫米精鋼錶殼、滾花錶圈、藍寶石水晶底蓋／「格壯大麥粒」機鏤飾紋錶盤／時間指示、日期顯示、計時碼錶／自製PF070自動機芯、儲能65小時、COSC瑞士官方天文台認證／防水100米 **參考價NT$994,000**

Tonda PF微型擺陀腕錶兩針款

直徑40毫米精鋼錶殼與鍊帶、950鉑金滾花錶圈、藍寶石水晶底蓋／「格壯大麥粒」機鏤飾紋錶盤／時間指示／自製PF703自動機芯、儲能48小時／防水100米

參考價NT$837,000

Tonda PF 36mm「Sunlit Ivory 象牙米」SHH特別版

直徑36毫米精鋼錶殼、950鉑金滾花錶圈、藍寶石水晶底蓋／「格壯大麥粒」機鏤飾紋錶盤／時間指示／自製PF770自動機芯、儲能60小時／防水100米／限量50只

參考價NT$850,800

PIAGET 伯爵

發源國家：瑞士　**創始年份**：1874年　**洽詢電話**：(02)8101-8399

PIAGET Polo系列
18K玫瑰金36毫米夜藍色鑽石自動上鍊腕錶

直徑36毫米18K玫瑰金錶殼／藍色錶盤／時間指示、日期顯示／伯爵自製500P1自動機芯、儲能40小時／可替換式錶鍊

參考價請店洽

PIAGET Polo系列
36毫米日期顯示自動上鍊鑽石腕錶

直徑36毫米精鋼錶殼／璣刻橫向雕飾面盤／時間指示、日期顯示／伯爵自製500P1自動機芯、儲能40小時／奶油色橡膠錶帶／限量300只／伯爵150週年紀念款

參考價請店洽

Essence of Extraleganza頂級珠寶系列
18K白金祖母綠超薄陀飛輪手動上鍊珠寶腕錶

直徑41毫米18K白金錶殼／時間指示／伯爵製670P超薄手上鍊陀飛輪機芯、儲能48小時／限量8 只／綠色鱷魚皮錶帶

參考價請店洽

PIAGET Polo 79 系列
18K黃金超薄自動上鍊腕錶

直徑38毫米18K黃金錶殼／18K黃金錶盤／時間指示／伯爵自製1200P1超薄自動機芯、儲能44小時／防水50米／18K黃金錶帶

參考價請店洽

PIAGET Polo系列42毫米日期顯示自動上鍊腕錶

直徑42毫米精鋼錶殼／璣刻橫向雕飾面盤／時間指示、日期顯示／伯爵自製1110P自動機芯、儲能50小時／深卡其色橡膠錶帶／限量300只／伯爵150週年紀念款

參考價請店洽

Limelight Gala系列 Marqueterie
18K玫瑰金祖母綠鑽石頂級珠寶腕錶

直徑32毫米18K玫瑰金錶殼／時間指示／伯爵製501P1自動機芯／18K玫瑰金宮廷式雕刻飾紋鍊帶

參考價請店洽

Limelight Gala系列
18K白金宮廷式雕刻飾紋彩色寶石鑽石腕錶

直徑32毫米18K白金錶殼／琺瑯彩繪錶盤／時間指示／伯爵製501P1自動機芯／18K白金宮廷式雕刻飾紋鍊帶

參考價請店洽

Limelight Gala系列
18K玫瑰金孔雀石面盤鑽石腕錶

直徑32毫米18K玫瑰金錶殼／孔雀石錶盤／時間指示／伯爵製501P1自動機芯

參考價請店洽

Altiplano系列
龍年限定18K白金超薄工藝頂級珠寶腕錶

直徑41毫米18K白金錶殼／時間指示／伯爵自製830P手動機芯、儲能60小時／藍色鱷魚皮錶帶

參考價請店洽

Altiplano Ultimate Concept系列
終極概念手動上鍊超薄陀飛輪腕錶

直徑41.5毫米藍色PVD處理M64BC鈷基合金錶殼、藍寶石水晶底蓋／內在機芯與外在錶殼合而為一／時間指示／伯爵自製970P-UC手上鍊超薄陀飛輪機芯、儲能40小時／聚丙烯編織錶帶／限量15只／伯爵150週年紀念款

參考價請店洽

PIAGET Polo Emperador系列
18K白金紅寶石鑽石鏤空陀飛輪腕錶

直徑49毫米18K白金錶殼／時間指示／伯爵自製1270D超薄陀飛輪自動機芯／防水30米／紅寶石色鱷魚皮錶帶

參考價請店洽

PERRELET

發源國家：瑞士　**創始年份**：1777年　**洽詢電話**：(02)2712-7178

旋風系列Turbine 41 Titanium Orange

直徑41毫米黑色DLC處理鈦合金錶殼、透視底蓋／專利旋風技術渦輪面盤／時間指示／自製P-331-MH自動機芯、儲能42小時、COSC、Chronofiable耐用度認證／防水100米

參考價NT$169,800

旋風系列Turbine Carbon Racing

直徑44毫米黑色PVD不鏽鋼與碳纖維錶殼、透視底蓋／專利旋風技術渦輪面盤／時間指示／P-331-MH自動機芯、儲能42小時、COSC、Chronofiable 耐用度認證／防水100米

參考價NT$169,800

旋風限量系列Turbine Limited Full Lum

直徑44毫米黑色PVD不鏽鋼錶殼、透視底蓋／專利旋風技術渦輪面盤／時間指示／ 自製P-331-MH自動機芯、儲能42小時、COSC、Chronofiable耐用度認證／防水50米／限量50只

參考價NT$ 181,500

環形動力實驗室系列
Lab Peripheral Dual Time Big Date Green

42×42毫米不鏽鋼錶殼、透視底蓋／時間指示、大日期顯示、兩地時間、日夜顯示／自製P-421自動機芯、儲能42小時、環形自動盤位於錶盤正面／防水50米

參考價NT$179,800

WEEKEND 系列Weekend GMT Blue

直徑39毫米不鏽鋼錶殼、透視底蓋／時間指示、日期顯示、GMT／自製P-401自動機芯、儲能42小時／防水50米

參考價NT$63,800

ROMAIN GAUTHIER

發源國家：瑞士　**創始年份**：2005年　**洽詢電話**：(02)8770-6918

C by Romain Gauthier Platinum Edition 鉑金款腕錶

直徑41毫米鉑金錶殼、透明底蓋／18K白金錶盤／偏心時間指示、停秒裝置／自製機芯、儲能60小時／防水50米

參考價請電洽

C by Romain Gauthier Titanium Edition Bracelet鈦金款腕錶 鍊帶版本

直徑41毫米天然5級鈦金屬錶殼、透明底蓋／偏心時間指示、停秒裝置／自製機芯、儲能60小時／防水50 米

參考價請電洽

Insight Micro-Rotor鉑金腕錶

直徑39.5毫米鉑金錶殼、透明底蓋／大明火塘瓷琺瑯面盤／時間指示／Insight Micro-Rotor自動機芯、搭載微型自動盤、儲能80小時／防水50米／限量10只

參考價請電洽

Insight Micro-Rotor Squelette Carbonium® Edition鍛造碳鏤空腕錶

直徑42毫米Carbonium®鍛造碳錶殼、透明底蓋／Carbonium®面盤／時間指示／Insight Micro-Rotor自動機芯、搭載微型自動盤、儲能80小時／防水50米／原廠限定訂製款

參考價請電洽

C by Romain Gauthier Titanium Edition Six 鈦金限量款第六代

直徑41毫米 5級鈦金屬錶殼、透明底蓋／藍寶石錶盤／偏心時間指示、停秒裝置／自製機芯、儲能60小時／藍寶石水晶鏡面，透明底蓋／防水50 米／限量88只

參考價請電洽

RADO 雷達表

發源國家：瑞士　**創始年份**：1917年　**洽詢電話**：(02)2652-3669

Captain Cook庫克船長系列
高科技陶瓷鏤空腕錶

直徑43毫米電漿高科技陶瓷錶殼與鍊帶、藍寶石水晶底蓋、玫瑰金色PVD精鋼旋轉錶圈鑲有高科技陶瓷襯片／灰色藍寶石水晶錶盤／時間指示／R808自動機芯、儲能80小時、防磁Nivachron™游絲、5方位調校／防水300米

參考價NT$145,400

Captain Cook庫克船長系列
高科技陶瓷鏤空腕錶

直徑43毫米霧面橄欖綠高科技陶瓷錶殼與鍊帶、藍寶石水晶底蓋、玫瑰金色PVD精鋼旋轉錶圈鑲有高科技霧面橄欖綠陶瓷襯片／灰色藍寶石水晶錶盤／時間指示／R808自動機芯、儲能80小時、防磁Nivachron™游絲、5方位調校／防水300米

參考價NT$145,400

庫克船長系列高科技陶瓷台北101限量錶

直徑43毫米霧面黑色高科技陶瓷錶殼與鍊帶、藍寶石水晶底蓋具備金屬鍍層台北101圖案／時間指示／R808鏤空自動機芯、儲能80小時、防磁Nivachron™游絲、5方位調校／防水300米／隨錶附贈限量版特殊錶盒／101雷達表旗艦店全球獨家販售

參考價NT$158,300

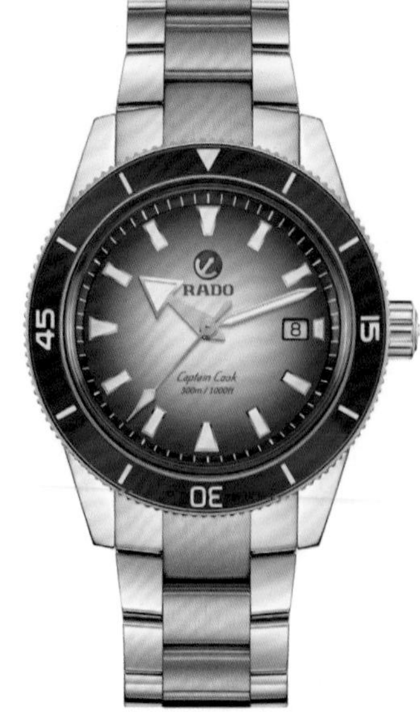

Captain Cook庫克船長300米自動腕錶套組

直徑42毫米精鋼錶殼與鍊帶、精鋼旋轉錶圈鑲有高科技陶瓷襯片／時間指示／R763自動機芯、儲能80小時、防磁Nivachron™游絲、5方位調校／防水300米／另搭贈一條Nato和皮革錶帶

參考價NT$86,500

Captain Cook庫克船長系列
高科技陶瓷鏤空腕錶

直徑43毫米拋光海軍藍色高科技陶瓷錶殼、藍寶石水晶底蓋、錶圈鑲有高科技黃色陶瓷襯片／灰色藍寶石水晶錶盤／時間指示／R808自動機芯、儲能80小時、防磁Nivachron™游絲、5方位調校／防水300米／限量262只

參考價NT$147,300

Captain Cook庫克船長系列
高科技陶瓷鏤空腕錶

直徑43毫米拋光海軍藍色高科技陶瓷錶殼、藍寶石水晶底蓋、錶圈鑲有高科技橘色陶瓷襯片／灰色藍寶石水晶錶盤／時間指示／R808自動機芯、儲能80小時、防磁Nivachron™游絲、5方位調校／防水300米／限量262只

參考價NT$147,300

Captain Cook庫克船長系列
高科技陶瓷鏤空腕錶

直徑43毫米霧面海軍藍色高科技陶瓷錶殼與錶圈、藍寶石水晶底蓋／時間指示／R808自動機芯、儲能80小時、防磁Nivachron™游絲、5方位調校／灰色藍寶石水晶錶盤／防水300米

參考價NT$143,600

Captain Cook庫克船長100米自動腕錶套組

直徑37毫米精鋼錶殼與鍊帶、精鋼旋轉錶圈鑲有高科技陶瓷襯片／時間指示／R763自動機芯、儲能80小時、防磁Nivachron™游絲、5方位調校／防水100米／另搭贈一條Nato和皮革錶帶

參考價NT$90,200

True真我系列白漾高科技陶瓷開芯限量腕錶

直徑40毫米白色高科技陶瓷錶殼與鍊帶、藍寶石水晶底蓋／時間指示／R734自動機芯、儲能80小時、防磁Nivachron™游絲、5方位調校／防水50米／限量888只

參考價NT$81,000

True真我系列高科技陶瓷開芯限量腕錶

直徑40毫米黑色高科技陶瓷錶殼與鍊帶、藍寶石水晶底蓋／時間指示／R734自動機芯、儲能80小時、防磁Nivachron™游絲、5方位調校／防水50米

參考價NT$81,000

True Square真我系列
方形高科技陶瓷鏤空自動腕錶

直徑38×44.2毫米拋光海軍藍色高科技陶瓷錶殼、藍寶石水晶底蓋／時間指示／R808自動機芯、儲能80小時、防磁Nivachron™游絲、5方位調校測試／防水50米

參考價NT$81,000

True Square真我方形系列
高科技陶瓷鏤空自動腕錶

直徑38×44.2毫米霧面黃色高科技陶瓷錶殼、藍寶石水晶底蓋／時間指示／R808自動機芯、儲能80小時、防磁Nivachron™游絲、5方位調校測試／防水50米

參考價NT$81,000

True Square真我方形系列
高科技陶瓷鏤空自動腕錶

直徑38×44.2毫米白色高科技陶瓷錶殼與鍊帶、藍寶石水晶底蓋／時間指示／R734自動機芯、儲能80小時、防磁Nivachron™游絲、5方位調校測試／防水50米

參考價NT$103,100

True Square真我方形系列
高科技陶瓷鏤空自動腕錶

直徑38×44.2毫米綠松石色高科技陶瓷錶殼與鍊帶、藍寶石水晶底蓋／時間指示／R734自動機芯、儲能80小時、防磁Nivachron™游絲、5方位調校測試／防水50米

參考價NT$103,100

True Square真我方形系列
雙色高科技陶瓷鏤空自動限量腕錶

直徑38×44.2毫米黑石色高科技陶瓷錶殼、黑色與白色高科技陶瓷鍊帶、藍寶石水晶底蓋／時間指示／R734自動機芯、儲能80小時、防磁Nivachron™游絲、5方位調校測試／防水50米／限量888只

參考價NT$103,100

True Square真我方形系列
雙色高科技陶瓷鏤空自動限量腕錶

直徑38×44.2毫米黑石色高科技陶瓷錶殼、黑色與白色高科技陶瓷鍊帶、藍寶石水晶底蓋／時間指示／R734自動機芯、儲能80小時、防磁Nivachron™游絲、5方位調校測試／防水50米／限量888只

參考價NT$103,100

True Square真我方形系列
腕錶X森永邦彥合作款

直徑38×44.2毫米拋光黑色高科技陶瓷錶殼、藍寶石水晶底蓋／光致變色效果錶盤／時間指示／Rado R734型自動機芯、儲能80小時、Nivachron™防磁游絲、5方位調校／防水50米

參考價NT$88,400

True Square Thinline
真我方形系列超薄腕錶

直徑37毫米拋光綠色高科技陶瓷錶殼與鍊帶、藍寶石水晶底蓋／綠色珍珠母貝錶盤／時間指示／石英機芯／防水50米
參考價NT$64,500

DiaMaster Thinline 鑽霸系列
玫瑰金色金屬陶瓷超薄自動限量腕錶

直徑41毫米拋光玫瑰金色Ceramos™錶殼、藍寶石水晶底蓋／時間指示、日期顯示／R766自動機芯、儲能72小時／防水50米／限量388只
參考價NT$68,100

Anatom系列高科技陶瓷幻彩腕錶

直徑32.5×46.3毫米霧面黑色高科技陶瓷錶圈與錶冠、黑色PVD噴砂精鋼中殼、藍寶石水晶底蓋／時間指示、日期顯示／Rado R766自動機芯、儲能72小時、抗磁Nivachron™鈦合金游絲、5方位調校／防水50米
參考價NT$110,500

Anatom系列高科技陶瓷幻彩腕錶

直徑32.5x 46.3毫米霧面黑色高科技陶瓷錶圈與錶冠、黑色PVD噴砂精鋼中殼、藍寶石水晶底蓋／時間指示、日期顯示／Rado R766自動機芯、儲能72小時、抗磁Nivachron™鈦合金游絲、5方位調校／防水50米 **參考價NT$110,500**

Centrix晶萃系列高科技雙色金自動腕錶

直徑35×38.5毫米拋光玫瑰金色PVD精鋼錶殼與鍊帶、鍊帶搭配棕色高科技陶瓷鍊節、藍寶石水晶底蓋／時間指示／Rado R734型機芯、5方位測試、防磁Nivachron™游絲、儲能80小時／防水50米 **參考價NT$103,100**

Centrix晶萃系列
高科技陶瓷雙色金鏤空自動鑽錶

直徑35×43.1毫米拋光玫瑰金色PVD精鋼錶殼與鍊帶、鍊帶搭配白色高科技陶瓷鍊節、藍寶石水晶底蓋／時間指示／Rado R734型機芯、5方位測試、防磁Nivachron™游絲、儲能80小時／防水50米 **參考價NT$119,700**

RICHARD MILLE

發源國家：瑞士　**創始年份**：2001年　**洽詢電話**：(02)2718-9218

RM 72-01 Lifestyle自製機芯計時碼錶

47.34×38.40mm白金雪花鑲鑽錶殼、透明底蓋／時間指示、日期顯示、飛返計時碼錶、錶冠功能指示／CRMC1自動上鍊機芯、儲能約50小時／防水30米

RM 72-01 Lifestyle自製機芯計時碼錶

47.34×38.40mm 5N紅金錶殼、透明底蓋／時間指示、日期顯示、飛返計時碼錶、錶冠功能指示／CRMC1自動機芯、儲能約50小時／防水30米

RM 27-05 Rafael Nadal飛行陀飛輪腕錶

47.25×37.25mm Carbon TPT® B.4碳纖維錶殼及底蓋／PMMA鏡面／時間指示、陀飛輪裝置／RM27-05手動機芯、儲能約55小時／防水10米／全球限量80只

RM 65-01自動上鍊雙秒追針計時碼錶

49.94×44.50mm深黃色Quartz TPT®石英纖維錶殼、透明底蓋／時間指示、日期顯示、錶冠功能選擇器、雙秒追針計時碼錶、快速上鍊裝置／RMAC4自動上鍊機芯、儲能約60小時／防水50米／全球限量120只

RM 65-01自動上鍊雙秒追針計時碼錶

49.94×44.50mm淡藍色Quartz TPT®石英纖維錶殼、透明底蓋／時間指示、日期顯示、錶冠功能選擇器、雙秒追針計時碼錶、快速上鍊裝置／RMAC4自動上鍊機芯、儲能約60小時／防水50米

RM 07-01 Bright Night自動上鍊腕錶

45.66×31.40mm Carbon TPT®碳纖維和5N紅金錶殼，鑲嵌鑽石及5N紅金鑲爪、透明底蓋／時間指示／CRMA2自動上鍊機芯、儲能約50小時／防水50米

RM 07-04 Sport自動上鍊運動腕錶

44.95×30.50mm綠色Quartz TPT®石英纖維錶殼、透明底蓋／時間指示、錶冠功能選擇器／CRMA8自動上鍊機芯、儲能約50小時／防水50米

RM 07-04 Sport自動上鍊運動腕錶

44.95×30.50mm鮭魚粉色Quartz TPT®石英纖維錶殼、透明底蓋／時間指示、錶冠功能選擇器／CRMA8自動上鍊機芯、儲能約50小時／防水50米

RM 037自動上鍊腕錶

52.63×34.40mm 5N紅金雪花鑲鑽錶殼、透明底蓋／時間指示、日期顯示、錶冠功能選擇器／CRMA1自動上鍊機芯、儲能約50小時／防水50米

RM 037自動上鍊腕錶

52.63×34.40mm Gold Carbon TPT®金箔碳纖維和5N紅金錶殼、透明底蓋／時間指示、日期顯示、錶冠功能選擇器／CRMA1自動上鍊機芯、儲能約50小時／防水50米

RM 07-01自動上鍊腕錶

45.66×31.40mm白金雪花鑲鑽錶殼、透明底蓋／時間指示／CRMA2自動上鍊機芯、儲能約50小時／防水50米

RM 35-03 Rafael Nadal自動上鍊腕錶

49.95×43.15mm Carbon TPT®碳纖維錶殼、透明底蓋／時間指示、專利蝶形自動盤、運動模式及指示、錶冠功能選擇器／RMAL2自動上鍊機芯、儲能約55小時／防水50米

RM 30-01離合擺陀自動上鍊腕錶

49.94×42.00mm 5N紅金和五級鈦合金錶殼、透明底蓋／時間指示、日期顯示、錶冠功能選擇器、離合擺陀嚙合狀態指示、動力儲存指示／RMAR2自動上鍊機芯、儲能約55小時／防水50米

RM 30-01離合擺陀自動上鍊腕錶

49.94×42.00mm ATZ白色陶瓷和五級鈦合金錶殼、透明底蓋／時間指示、日期顯示、錶冠功能選擇器、離合擺陀嚙合狀態指示、動力儲存指示／RMAR2自動上鍊機芯、儲能約55小時／防水50米

RM 21-02 Aerodyne空氣動力陀飛輪腕錶

50.12×42.68mm Carbon TPT®碳纖維、白色Quartz TPT®石英纖維和五級鈦合金錶殼、透明底蓋／時間指示、陀飛輪裝置、動力儲存指示、扭矩指示、錶冠功能選擇器／RM21-02手動上鍊機芯、儲能約70小時／防水50米／全球限量50只

RM 21-02 Aerodyne空氣動力陀飛輪腕錶

50.12×42.68mm藍色Quartz TPT®石英纖維和五級鈦合金錶殼、透明底蓋／時間指示、陀飛輪裝置、動力儲存指示、扭矩指示、錶冠功能選擇器／RM21-02手動上鍊機芯、儲能約70小時／防水50米／全球限量50只

RM 74-02自動上鍊自製機芯陀飛輪腕錶

52.63×34.40mm Gold Carbon TPT®金箔碳纖維與5N紅金錶殼、透明底蓋／時間指示、陀飛輪裝置／CRMT5自動上鍊機芯、儲能約50小時／防水50米

RM 17-02陀飛輪腕錶

48.15×40.10mm白色Quartz TPT®石英纖維錶殼、透明底蓋／時間指示、陀飛輪裝置、動力儲存指示、錶冠功能指示／RM17-02手動上鍊機芯、儲能約70小時／防水50米／全球限量30只

RM 17-01陀飛輪腕錶

48.15×40.10mm 5N紅金雪花鑲鑽錶殼、透明底蓋／時間指示、陀飛輪裝置、動力儲存指示、錶冠功能指示／RM017手動上鍊機芯、儲能約70小時／防水50米

RM 17-01陀飛輪腕錶

48.15×40.10mm白金雪花鑲鑽錶殼、透明底蓋／時間指示、陀飛輪裝置、動力儲存指示、錶冠功能指示／RM017手動上鍊機芯、儲能約70小時／防水50米

RM 67-01超薄自動上鍊腕錶

47.52×38.70mm五級鈦合金錶殼、透明底蓋／時間指示、日期顯示、錶冠功能指示／CRMA6自動上鍊機芯、儲能約50小時／防水30米

RM 67-02 超薄自動上鍊腕錶

47.25×38.70mm白色Quartz TPT®石英纖維和Carbon TPT®碳纖維錶殼、透明底蓋／時間指示／CRMA7自動上鍊機芯、儲能約50小時／防水30米

RM 67-02 超薄自動上鍊腕錶

47.25×38.70mm Carbon TPT®碳纖維錶殼、透明底蓋／時間指示／CRMA7自動上鍊機芯、儲能約50小時／防水30米

ROLEX 勞力士

發源國家：瑞士　**創始年份**：1905年　**洽詢電話**：(02)2700-6300

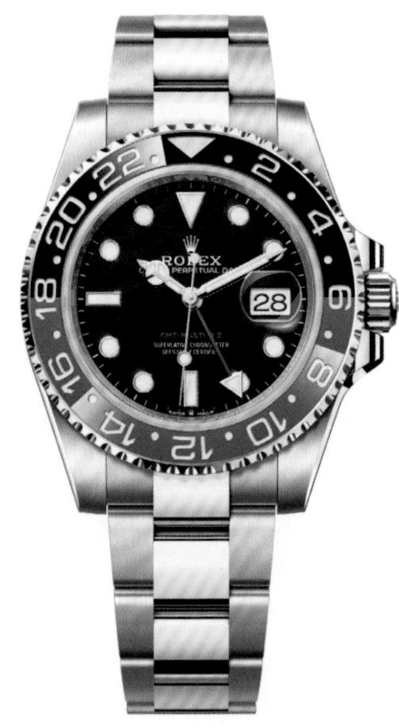

Ref.126710GRNR GMT-Master II雙時區腕錶

直徑40毫米蠔式鋼錶殼／灰、黑雙色Cerachrom陶瓷錶圈／黑色漆面錶盤／大三針、日期與雙時區功能／Cal.3285自動機芯、頂級天文台認證、儲能70小時／防水100米／蠔式型三節鏈帶　**參考價NT$380,500**

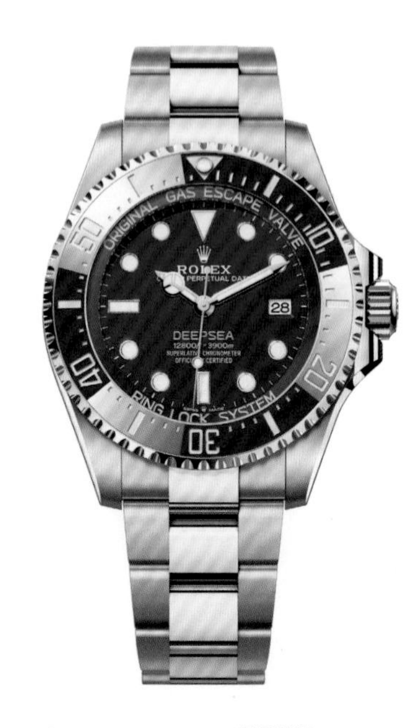

Ref.136668LB DeepSea 深潛腕錶

直徑44毫米18K黃金蠔式錶殼／藍色Cerachrom陶瓷錶圈／藍色漆面錶盤／大三針與日期功能／Cal.3235自動機芯、頂級天文台認證、儲能70小時／防水3,900米／蠔式型三節鏈帶　**參考價NT$1,854,500**

Ref.126710GRNR GMT-Master II雙時區腕錶

直徑40毫米蠔式鋼錶殼／灰、黑雙色Cerachrom陶瓷錶圈／黑色漆面錶盤／大三針、日期與雙時區功能／Cal.3285自動機芯、頂級天文台認證、儲能70小時／防水100米／蠔式紀念型五節鏈帶　**參考價NT$387,500**

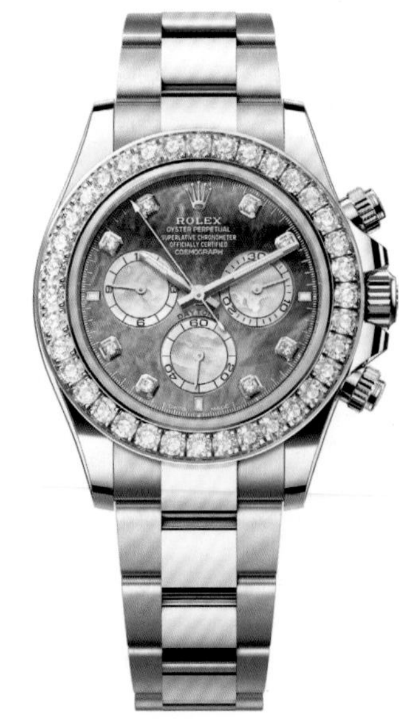

Ref.126579RBR Daytona 計時碼錶

直徑40毫米18K白金蠔式錶殼／18K白金錶圈鑲嵌36顆美鑽／黑色珍珠母貝錶盤、白色珍珠母貝計時盤／計時功能／Cal.4131自動機芯、頂級天文台認證、儲能72小時／防水100米／蠔式型三節鏈帶　**參考價NT$2,494,500**

Ref.126579RBR Daytona 計時碼錶

直徑40毫米18K白金蠔式錶殼／18K白金錶圈鑲嵌36顆美鑽／白色珍珠母貝錶盤、黑色珍珠母貝計時盤／計時功能／Cal.4131自動機芯、頂級天文台認證，儲能72小時／防水100米／Oysterflex高性能橡膠錶帶

參考價NT$2,187,000

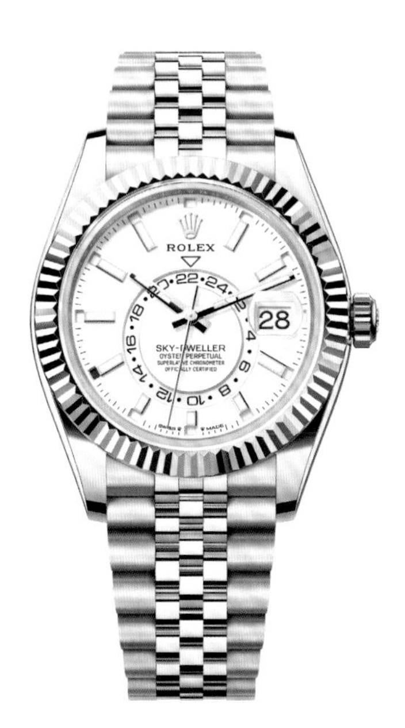

Ref.336938 Sky-Dweller 年曆雙時區腕錶

直徑42毫米18K黃金鑲式錶殼／18K黃金三角坑紋錶圈／醇白色啞光錶盤／大三針、日期、雙時區與年曆功能／Cal.9002自動機芯、頂級天文台認證、儲能72小時／防水100米／鑲式紀念型五節鏈帶 **參考價NT$1,744,500**

Ref.336935 Sky-Dweller 年曆雙時區腕錶

直徑42毫米18K永恆玫瑰金錶殼／18K永恆玫瑰金三角坑紋錶圈／石板灰色日暉紋錶盤／大三針、日期、雙時區與年曆功能／Cal.9002自動機芯、頂級天文台認證、儲能72小時／防水100米／鑲式紀念型五節鏈帶

參考價NT$1,847,000

Ref.52506 Perpetual 1908 自動腕錶

直徑39毫米Pt950鉑金錶殼／Pt950鉑金圓拱形三角坑紋錶圈／冰藍色穀粒圖案錶盤／小三針功能／Cal.7140自動機芯、頂級天文台認證、儲能66小時／防水50米／啞棕色鱷魚皮錶帶 **參考價NT$1,079,000**

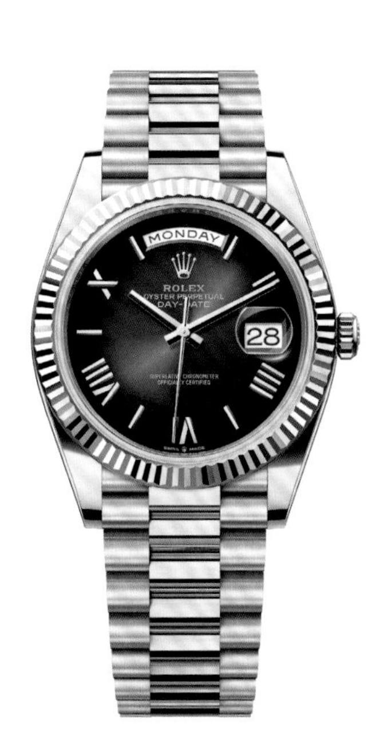

Ref.228239 Day-Date 40 自動腕錶

直徑40毫米18K永恆玫瑰金錶殼／18K永恆玫瑰金三角坑紋錶圈／漸變石板灰色錶盤／大三針、日期與星期功能／Cal.3255自動機芯、頂級天文台認證、儲能70小時／防水100米／18K永恆玫瑰金元首型錶帶

參考價NT$1,672,000

Ref.128395TBR Day-Date 36 自動腕錶

直徑36毫米18K永恆玫瑰金錶殼／18K永恆玫瑰金錶圈鑲嵌60顆梯形美鑽／藍綠色錶盤／大三針、日期與星期功能／Cal.3255自動機芯、頂級天文台認證、儲能70小時／防水100米／18K永恆玫瑰金元首型錶帶

參考價NT$2,842,000

Ref.128238 Day-Date 36 自動腕錶

直徑36毫米18K黃金錶殼／18K黃金三角坑紋錶圈／白色漆面錶盤／大三針、日期與星期功能／Cal.3255自動機芯、頂級天文台認證、儲能70小時／防水100米／18K黃金元首型錶帶

參考價NT$1,247,000

ROGER DUBUIS 羅杰杜彼

發源國家：瑞士　**創始年份**：1995年　**洽詢電話**：(02)8101-8586

Knight of the Round Table 圓桌騎士系列腕錶

直徑45毫米18K玫瑰金錶殼、透明底蓋／時間指示／RD821自動機芯、儲能48小時、日內瓦印記／防水30米／限量28只

參考價NT$11,215,000

Excalibur王者系列單飛行陀飛輪龍形限量腕錶

直徑42毫米18K玫瑰金錶殼、透明底蓋／時間指示／RD512單飛行陀飛輪手上鍊機芯、儲能72小時、日內瓦印記／防水100米／限量28只

參考價NT$6,420,000

Orbis in Machina機械之心中置陀飛輪腕錶

直徑45毫米18K玫瑰金錶殼、透明底蓋／時間指示／RD115中置飛行陀飛輪機芯、儲能72小時、日內瓦印記／防水100米／限量28只

參考價NT$7,245,000

Excalibur王者系列鈦金屬單陀飛輪腕錶

直徑42毫米鈦金屬錶殼錶圈、透明底蓋／時間指示／RD512單飛行陀飛輪手上鍊機芯、儲能72小時、日內瓦印記／防水100米／限量28只

參考價NT$4,870,000

Excalibur Spider王者競速系列極速綠飛返計時碼錶

直徑45毫米C-SMC碳纖維錶殼、黑色陶瓷錶圈、透明底蓋／時間指示、飛返計時／RD780自動機芯、儲能72小時、日內瓦印記／防水100米／限量88只　**參考價NT$3,455,000**

RESSENCE

發源國家：比利時　**創始年份**：2010年　**洽詢電話**：(02)8101-8686

Type 3 EE

直徑44毫米五級鈦合金錶殼／時間指示、溫度顯示、星期與日期顯示／ROCS 3自動機芯、儲能36小時

參考價NT$1,538,000

Type 1°M

直徑42.7毫米五級鈦合金錶殼／時間指示、日期顯示／ROCS 1.3自動機芯、儲能36小時

參考價NT$730,000

Type 1 Squared White

直徑42毫米五級鈦合金錶殼／時間指示、日期顯示／ROCS 1.3自動機芯、儲能36小時

參考價NT$730,000

Type 1 Round Night Blue

直徑42.7毫米五級鈦合金錶殼／時間指示、日期顯示／ROCS 1.3自動機芯、儲能36小時

參考價NT$730,000

Type 5 L

直徑46毫米五級鈦合金錶殼／時間指示、溫度顯示／ROCS 5自動機芯、儲能36小時

參考價NT$1,388,000

RESERVOIR

發源國家：法國　**創始年份**：2016年　**治詢電話**：(02)2999-1331

Black Sparrow黑麻雀系列腕錶

直徑42毫米精鋼錶殼、錢幣紋錶圈、藍寶石水晶底蓋／跳時與逆跳分鐘／RSV-240自動機芯、儲能56小時／防水50米／另贈一條NATO錶帶

參考價NT$144,000

390 Fastback斜背車系列腕錶

直徑41.5毫米精鋼錶殼、藍寶石水晶底蓋／跳時與逆跳分鐘／RSV-240自動機芯、儲能56小時／防水50米

參考價NT$144,000

Airfight Chronograph空戰雙逆跳計時碼錶

直徑43毫米精鋼錶殼、藍寶石水晶底蓋／時間指示、導柱輪計時碼錶、秒鐘與日期雙逆跳／RSV-Bi120自動機芯、儲能60小時／防水50米／另贈一條NATO錶帶

參考價NT$218,000

Longbridge Club長橋俱樂部腕錶

直徑39毫米精鋼錶殼、藍寶石水晶底蓋／錶盤鑲嵌碧璽與藍寶石／跳時與逆跳分鐘、56小時儲能指示／RSV-240自動機芯／防水50米／另贈一條NATO錶帶

參考價NT$167,000

Olive Oyl奧莉薇腕錶

直徑39毫米精鋼錶殼、藍寶石水晶底蓋／藍色砂金石錶盤／跳時與逆跳分鐘、56小時儲能指示／RSV-240自動機芯／防水50米／限量300只

參考價NT$195,000

SCHWARZ ETIENNE

發源國家：瑞士　**創始年份**：1902年　**洽詢電話**：(02) 8770-6918

ROMA Geometry 幾何腕錶

直徑39毫米不鏽鋼錶殼、透明底蓋／18k金機刻雕紋面盤／時間指示、停秒裝置／ASE 200.2自製手上鍊機芯、儲能86小時／限量100只

參考價NT$738,000

ROMA Geometry 幾何腕錶

直徑39毫米不鏽鋼錶殼、透明底蓋／18k金機刻雕紋面盤／時間指示、停秒裝置／ASE 200.2自製手上鍊機芯、儲能86小時／限量100只

參考價NT$738,000

ROSWELL 08 Blue 日期腕錶

直徑45毫米不鏽鋼錶殼、透明底蓋／黃銅面盤／時間指示、日期顯示、停秒裝置／ISE 100.11自製手上鍊機芯、儲能86小時

參考價NT$600,000

ROMA GMT 兩地時間腕錶

直徑42毫米玫瑰金錶殼、透明底蓋／黃銅面盤／時間指示、錶盤內圈顯示第二十區時間、停秒裝置／ASE 120.00自製自動機芯、儲能86小時

參考價NT$928,000

ROMA Synergy Turquoise 台灣限定款

直徑39毫米不鏽鋼錶殼、透明底蓋／銀質手工機刻雕紋面盤，聯手Kari Voutilainen工坊設計、製作／時間指示、停秒裝置／ISE 100.11自製手上鍊機芯，機芯裝飾由Kari Voutilainen工坊操刀、儲能86小時／瑞博品十週年限定款／限量10只

參考價NT$1,300,000

SINGER REIMAGINED

發源國家：瑞士　**創始年份**：2015年　**洽詢電話**：(02)2700-8927

A B C D E F G H I J K L M N O P Q R S T U V W X Y Z

Track1 Flamboyant Red Edition自動計時碼錶

直徑43毫米五級鈦金屬錶殼、藍寶石水晶底蓋／環形時間顯示、三根同軸計時碼錶／SR 6361自動機芯、儲能55小時／防水100米／限量25只　**參考價NT$2,020,000**

1969 Chronograph自動計時碼錶

直徑40毫米精鋼錶殼與鍊帶、藍寶石水晶底蓋／環形時間顯示、三根同軸計時碼錶／AGH 6365自動機芯、儲能72小時／防水100米

參考價NT$2,200,000

Track1 SKLT Carbon Edition自動計時碼錶

直徑43毫米層狀鍛造碳Stratified forged carbon錶殼、藍寶石水晶底蓋／環形時間顯示、三根同軸計時碼錶／SR 6361自動機芯、儲能60小時／防水100米／限量25只

參考價NT$2,640,000

1969 Timer計時碼錶

直徑40毫米精鋼錶殼與鍊帶、藍寶石水晶底蓋／時間指示、計時碼錶、秒針歸零／AGH 6363手上鍊機芯、儲能72小時／防水100米

參考價NT$1,300,000

Singer Flytrack Barista Edition計時碼錶

直徑43毫米精鋼錶殼、藍寶石水晶底蓋／環形小時顯示、計時碼錶／SR 6361手上鍊機芯、儲能55小時／防水100米／限量30只

參考價NT$1,190,000

SPEAKE MARIN 時彼克

發源國家：瑞士　**創始年份**：2002年　**洽詢電話**：(02)2560-3875

Ripples Infinity Date 無限之日

直徑40.3毫米La CITY不鏽鋼錶殼／時間指示、日期顯示／SMA03-TD自制自動機芯、儲能52小時／防水50米

參考價NT$920,000

Ripples Dune Date 沙漠之頌

直徑40.3毫米La CITY不鏽鋼錶殼／時間指示、日期顯示／SMA03-TD自制自動機芯、儲能52小時／防水50米

參考價NT$960,000

Dual Time TERRACOTTA
鏤空雙時區赤陶紅腕錶

直徑38或42毫米Piccadilly 皮卡迪利 5級鈦金屬錶殼／赤陶紅錶盤／時間指示、逆跳日期、兩地時區功能／SMA02自動機芯、儲能52小時／防水30米

參考價NT$1,240,000(38毫米)
NT$ 1,258,000(42毫米)

Openworked Tourbillon Ultra Violet
鏤空煥紫飛行陀飛輪腕錶

直徑38或42毫米Piccadilly 皮卡迪利 5級鈦金屬錶殼、透明底蓋／時間指示、飛行陀飛輪、儲能指示／SMA05自製自動機芯、儲能72 小時/防水30米/38毫米限量4只、42毫米限量5只

參考價NT$ 2,688,000 (38毫米)
NT$ 2,698,000 (42毫米)

Ripples Skeleton鏤空腕錶

直徑40.3毫米La CITY 904L不鏽鋼錶殼／鏤空錶盤／時間指示／SMA07自制鏤空自動機芯、儲能52 小時／防水50米

參考價NT$1,168,000

SEIKO精工

發源國家：日本　**創始年份**：1881年　**洽詢電話**：0800-221-585

Prospex SJE119J1

直徑39.5毫米不鏽鋼（超硬質鍍膜）錶殼、單向旋轉錶圈／時間指示／自動上鍊（手上鍊）機芯、儲能45小時／200米潛水

參考價NT$100,000

Prospex SRQ051J1

直徑42毫米不鏽鋼（超硬質鍍膜）錶殼／時間指示、日期顯示、計時功能／自動上鍊（手上鍊）機芯、儲能45小時／防水10氣壓

參考價NT$85,000

Prospex SPB453J1

直徑40毫米不鏽鋼錶殼、單向旋轉錶圈／時間指示、日期顯示／自動上鍊（手上鍊）機芯、儲能72小時／300米潛水

參考價NT$45,000

Presage SPB463J1

直徑40.2毫米不鏽鋼（硬質鍍膜）錶殼、透視底蓋／時間指示、日期顯示／自動上鍊（手上鍊）機芯、儲能72小時／防水10氣壓

參考價NT$34,000

King Seiko SJE109J1

直徑39.4毫米不鏽鋼錶殼／時間指示、日期顯示、停秒功能／自動上鍊機芯、儲能45小時／防水5氣壓

參考價NT$105,000

TRILOBE

發源國家:法國　**創始年份**:2018年　**洽詢電話**:(02)2700-8927

Les Matinaux Sunray Silver

直徑40.5毫米精鋼錶殼、藍寶石水晶底蓋/時間顯示/自動機芯、儲能48小時/防水50米

參考價NT$450,000

Les Matinaux L'Heure Exquise Blue

直徑40.5毫米五級鈦金屬錶殼、藍寶石水晶底蓋/時間顯示、南北半球月相盈虧/自動機芯、儲能48小時/防水50米

參考價NT$800,000

Nuit Fantastique Dune

直徑40.5毫米五級鈦金屬錶殼、藍寶石水晶底蓋/時間顯示/自動機芯、儲能48小時/防水50米

參考價NT$450,000

Nuit Fantastique Brume

直徑40.5毫米玫瑰金錶殼、藍寶石水晶底蓋/時間顯示/自動機芯、儲能48小時/防水30米

參考價NT$1,050,000

Une Folle Journée Dune

直徑40.5毫米五級鈦金屬錶殼、藍寶石水晶底蓋/時間顯示/自動機芯、儲能48小時/防水50米

參考價NT$990,000

TAG HEUER 泰格豪雅

發源國家：瑞士　**創始年份**：1860年　**洽詢電話**：(02)8101-7679

Monaco 計時腕錶英國賽車綠限量版

直徑39毫米精鋼錶殼、透明底蓋／時間指示、日期顯示、計時／Calibre 11自動機芯、儲能40小時／防水100米／賽車穿孔綠色小牛皮錶帶／限量1000只

參考價NT$306,200

Monaco 雙追針計時腕錶經典藍款

直徑41毫米鈦金屬錶殼、透明底蓋／時間指示、雙追針計時／TH81-00自動機芯、儲能65小時／防水30米／布料壓紋藍色小牛皮錶帶

參考價NT$4,543,000

Carrera 計時腕錶銀面鍊帶款

直徑39毫米精鋼錶殼、Glassbox 拱形藍寶石水晶玻璃鏡面／時間指示、日期顯示、計時／TH20-00自動機芯、儲能80小時／防水100米／精鋼錶帶

參考價NT$218,700

Monaco 鏤空計時腕錶深藍款

直徑39毫米黑色DLC鈦金屬錶殼、透明底蓋／時間指示、日期顯示、計時／TH20-00自動機芯、儲能80小時／防水100米／小牛皮內襯橡膠錶帶

參考價NT$370,200

Carrera 計時腕錶湖水綠款

直徑39毫米精鋼錶殼、Glassbox 拱形藍寶石水晶玻璃鏡面／時間指示、日期顯示、計時／TH20-07自動機芯、儲能80小時／防水100米／鱷魚皮壓紋錶帶

參考價NT$215,400

Carrera 陀飛輪計時腕錶湖水綠款

直徑39毫米精鋼錶殼、Glassbox拱形藍寶石水晶玻璃鏡面及底蓋／時間指示、計時、陀飛輪／TH20-09自動機芯、儲能80小時／防水100米／鱷魚皮壓紋錶帶

參考價NT$790,800

Carrera Seafarer × Hodinkee 限量版計時腕錶

直徑42毫米精鋼錶殼、Glassbox拱形藍寶石水晶玻璃鏡面／時間指示、計時、潮汐指示／TH20-13自製潮汐指示計時自動機芯、儲能80小時／防水100米／橡膠錶帶／限量968只

參考價NT$260,800

Carrera Extreme Sport 計時腕錶經典藍款

直徑44毫米鈦金屬錶殼／時間指示、日期顯示、計時／TH20-00自動機芯、儲能80小時／防水100米／一體成型橡膠錶帶

參考價NT$269,200

Carrera Extreme Sport 計時腕錶黑曜玫瑰金款

直徑44毫米18K玫瑰金錶殼、陶瓷錶圈／時間指示、日期顯示、計時／TH20-00自動機芯、儲能80小時／防水100米／一體成型橡膠錶帶

參考價NT$403,800

Aquaracer Professional 300 日期腕錶藍面精鋼款

直徑42毫米精鋼錶殼、藍色陶瓷單向旋轉錶圈／時間指示、日期顯示／TH31-00自動機芯、儲能80小時、COSC／防水300米／精鋼錶帶

參考價NT$124,500

Aquaracer Professional 300 GMT 腕錶綠面精鋼款

直徑42毫米精鋼錶殼、黑/綠色陶瓷雙向旋轉錶圈／時間指示、日期顯示、GMT／TH31-00自動機芯、儲能80小時、COSC／防水300米／精鋼錶帶

參考價NT$138,000

TISSOT 天梭表

發源國家：瑞士　**創始年份**：1853年　**洽詢電話**：(02)2652-3665

T-Touch Connect Sport運動版觸控腕錶

直徑43毫米鈦金屬玫瑰金PVD錶殼、陶瓷錶圈／AMOLED觸控螢幕／時間顯示、多項運動與健康功能顯示日期／石英驅動光伏電池，太陽能充電，標準模式最長可使用6個月，腕錶模式可無限續航／防水50米

參考價NT$34,600

杜魯爾系列鏤空自動腕錶

直徑39毫米不鏽鋼錶殼／藍色鏤空面盤搭配內圈巴黎飾釘圖騰／時間指示／Powermatic 80自動機芯、Nivachron™鈦合金抗磁遊絲、儲能80小時／防水50米

參考價NT$30,900

PRX鍛造碳自動腕錶

直徑40毫米鍛造碳錶殼、透明底蓋／鍛造碳面盤／時間指示、日期顯示／Powermatic 80自動機芯、矽游絲、儲能80小時／防水100米

參考價NT$33,000

競速系列三針自動腕錶

直徑41毫米不鏽鋼PVD玫瑰金色錶殼／黑色太陽光芒紋面盤／時間指示、日期顯示／Powermatic 80自動機芯、Nivachron™鈦合金抗磁遊絲、儲能80小時／防水100米

參考價NT$24,700

海星系列自動腕錶

直徑40毫米不鏽鋼錶殼、礦物玻璃單向旋轉錶圈、透明底蓋／綠色垂直拉絲漸層面盤／時間指示、日期顯示／Powermatic 80自動機芯、Nivachron™鈦合金抗磁遊絲、儲能80小時／防水300米

參考價NT$23,600

PRX無敵鐵金剛動畫《金剛戰神》特別版自動腕錶

直徑40毫米不鏽鋼錶殼、透明底蓋／時間指示／Powermatic 80自動機芯、Nivachron™鈦合金抗磁游絲、儲能80小時／防水100米

參考價NT$26,900

PRX達米安利拉德特別版自動腕錶

直徑40毫米不鏽鋼PVD金色錶殼錶圈、透明底蓋／黑色面盤／時間指示、日期顯示／Powermatic 80自動機芯、Nivachron™鈦合金抗磁遊絲、儲能80小時／防水100米

參考價NT$26,900

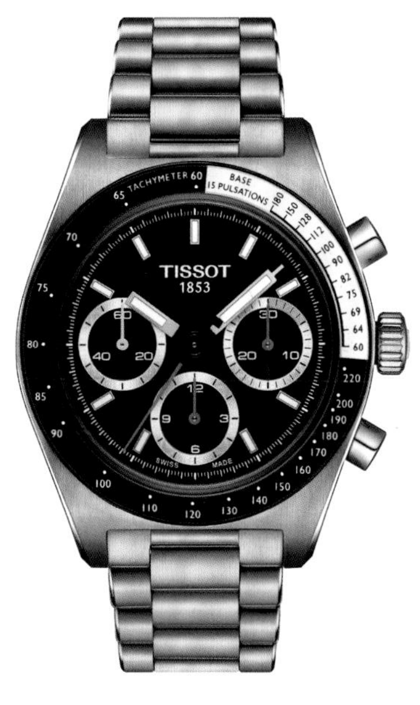

PR516手上鍊計時腕錶

直徑41毫米不鏽鋼錶殼、黑色礦物錶圈、透明底蓋／黑色面盤／時間指示、計時功能／Valjoux A05.291手上鍊機芯、Nivachron™抗磁合金遊絲、儲能68小時／防水100米

參考價NT$58,900

MotoGP™ 75週年紀念款限量版自動計時腕錶

直徑45毫米不鏽鋼錶殼、黑色PVD錶圈、透明底蓋／時間指示、日期顯示、計時功能／Valjoux A05.291自動機芯、Nivachron™抗磁合金遊絲、儲能68小時／防水100米／限量2024套

參考價NT$66,900

PRX漸層自動腕錶

直徑40毫米不鏽鋼錶殼、透明底蓋／漸層冰河藍色面盤／時間指示、日期顯示／Powermatic 80自動機芯、Nivachron™鈦合金抗磁游絲、儲能80小時／防水100米

參考價NT$23,200

Seastar WNBA Wilson特別版自動腕錶

直徑40毫米不鏽鋼錶殼、礦物玻璃錶圈、透明底蓋／黑色面盤／時間指示、日期顯示／Powermatic 80自動機芯、Nivachron™鈦合金抗磁游絲、儲能80小時／防水300米

參考價NT$23,600

TUDOR 帝舵表

發源國家：瑞士　**創始年份**：1926年　**洽詢電話**：02-2700-6300

Black Bay Chrono 藍色計時碼錶

直徑41毫米不鏽鋼錶殼／啞黑色陽極氧化鋁測速尺錶圈／粉紅色錶盤／小三針、日期與計時功能／MT5813自動機芯、COSC天文台認證、儲能70小時／防水200米／五鏈節不鏽鋼錶帶／專賣店限定款　**參考價NT$180,500**

Pelagos FXD Chrono 粉紅色計時碼錶

直徑43毫米黑色碳複合材質錶殼／固定式錶圈鐫刻60分鐘刻度／啞黑色錶盤／小三針、日期與計時功能／MT5813自動機芯、COSC天文台認證、儲能70小時／防水100米／一體式黑色織紋錶帶　**參考價NT$168,500**

Black Bay Chrono 粉紅色計時碼錶

直徑41毫米不鏽鋼錶殼／啞黑色陽極氧化鋁測速尺錶圈／藍色錶盤／小三針、日期與計時功能／MT5813自動機芯、COSC天文台認證、儲能70小時／防水200米／五鏈節不鏽鋼錶帶　**參考價NT$180,500**

Black Bay Ceramic 陶瓷腕錶

直徑41毫米微珠噴砂啞黑色陶瓷錶殼／黑色PVD不鏽鋼錶圈／藍色錶盤／大三針功能／MT5602-1U自動機芯、大師天文台精密時計認證、儲能70小時／防水200米／皮膠合成錶帶、附送黑色織紋錶帶　**參考價NT$163,500**

Black Bay 大師天文台腕錶

直徑41毫米不鏽鋼錶殼／不鏽鋼錶圈上鑲嵌黑色鋁質字圈／黑色錶盤／大三針功能／MT5602-U自動機芯、大師天文台精密時計認證、儲能70小時／防水200米／不鏽鋼五鏈節錶帶　**參考價NT$144,500**

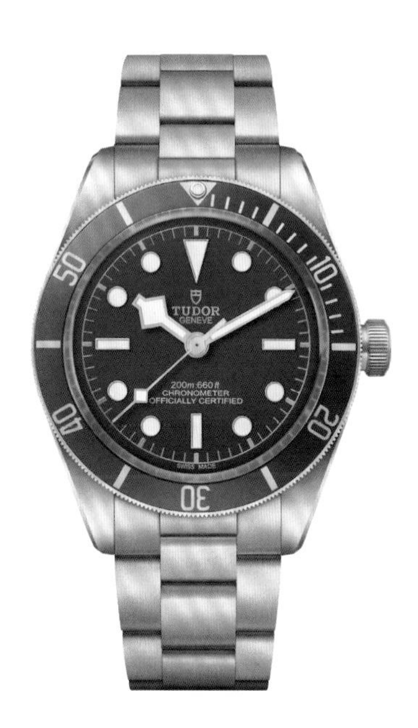

Black Bay 58 18K黃金腕錶

直徑39毫米18K黃金錶殼／18K黃金錶圈上鑲嵌啞綠色陽極氧化鋁字圈／綠色錶盤／大三針功能／MT5400自動機芯、COSC天文台認證、儲能70小時／防水200米／18K黃金三鏈節錶帶 **參考價NT$1,022,000**

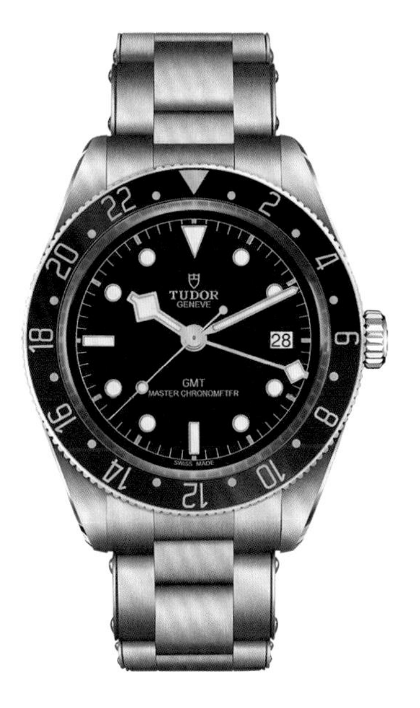

Black Bay 58 GMT 雙時區腕錶

直徑39毫米不鏽鋼錶殼／不鏽鋼錶圈上鑲嵌黑色及酒紅色陽極氧化鋁字圈／黑色錶盤／大三針、日期與雙時區功能／MT5450-U自動機芯、大師天文台精密時計認證、儲能65小時／防水200米／不鏽鋼三鏈節「鉚釘」錶帶

參考價NT$147,000

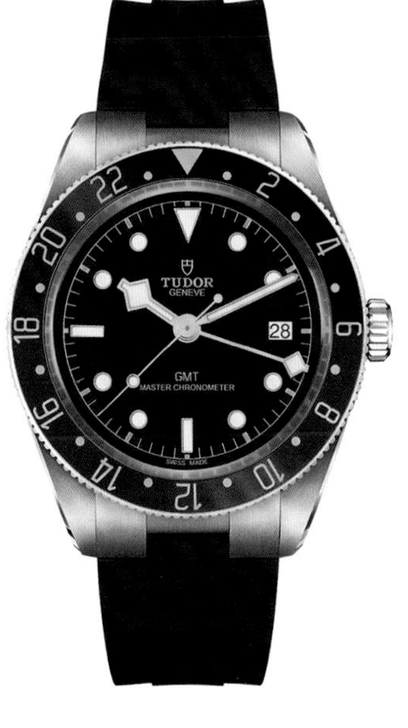

Black Bay 58 GMT 雙時區腕錶

直徑39毫米不鏽鋼錶殼／不鏽鋼錶圈上鑲嵌黑色及酒紅色陽極氧化鋁字圈／黑色錶盤／大三針、日期與雙時區功能／MT5450-U自動機芯、大師天文台精密時計認證、儲能65小時／防水200米／橡膠錶帶 **參考價NT$140,000**

Black Bay 大師天文台腕錶

直徑41毫米不鏽鋼錶殼／不鏽鋼錶圈上鑲嵌黑色鋁質字圈／黑色錶盤／大三針功能／MT5602-U自動機芯、大師天文台精密時計認證、儲能70小時／防水200米／不鏽鋼三鏈節錶帶 **參考價NT$141,500**

Clair de Rose 女裝腕錶

直徑34毫米不鏽鋼錶殼／不鏽鋼拋光錶圈／太陽放射紋藍色錶盤／大三針與日期功能／T601自動機芯、儲能38小時／防水100米／不鏽鋼錶帶

參考價NT$87,000

Clair de Rose 女裝腕錶

直徑30毫米不鏽鋼錶殼／不鏽鋼拋光錶圈／太陽放射紋藍色錶盤、8顆鑽石時標／大三針與日期功能／T201自動機芯、儲能38小時／防水100米／不鏽鋼錶帶

參考價NT$104,000

TITONI 梅花錶

發源國家：瑞士　**創始年份**：1919年　**洽詢電話**：(02)2999-1331

Seascoper 300 Ice Blue冰青藍錶款

直徑42毫米精鋼錶殼與鍊帶、藏青色單向旋轉陶瓷錶圈／單按鍵鍊帶快調系統／時間指式、日期顯示／SW 200-1自動機芯、儲能40小時、COSC天文台認證／防水300 米

參考價NT$61,600

Seascoper 300 Ice Blue冰青藍錶款

直徑42毫米精鋼錶殼與鍊帶、黑色單向旋轉陶瓷錶圈／單按鍵鍊帶快調系統／時間指式、日期顯示／SW 200-1自動機芯、儲能40小時、COSC天文台認證／ 防水300 米

參考價NT$61,600

Seascoper 600 Retro復古鐳腕錶

直徑42毫米精鋼錶殼與鍊帶、陶瓷錶圈／單按鍵鍊帶快調系統／時間指示、日期顯示、排氦氣閥／T10自製自動上鍊機芯、3日儲能、COSC天文台認證／防水600米

參考價NT$77,600

Seascoper 600 CarbonTech Dragon 碳纖篆龍錶

直徑42毫米鍛造碳錶殼、陶瓷錶圈、藍寶石水晶底蓋／時間指式、日期顯示、排氦氣閥／T10 自製自動機芯、儲能72小時、COSC天文台認證 ／ 防水600 米／限量188只

參考價NT$115,500

Impetus CeramTech 動力陶瓷系列阿根廷藍腕錶

直徑43毫米黑色DLC精鋼、阿根廷藍陶瓷錶側環、藍寶石水晶底蓋／時間指示、日期顯示／ETA2892-A2自動機芯、儲能44小時／防水300米／一條快拆黑色DLC精鋼鍊帶、一條橡膠錶帶

參考價NT$95,000

Impetus Ceram Tech
動力陶瓷系列海軍藍白面腕錶

直徑43毫米精鋼、海軍藍陶瓷錶側環 、藍寶石水晶底蓋／時間指示、日期顯示／ETA2892-A2自動機芯、儲能44小時／防水300米／一條快拆精鋼鍊帶、一條橡膠錶帶

參考價NT$89,900

Impetus Ceram Tech動力陶瓷雪花白面腕錶

直徑43毫米黑色DLC精鋼、雪花白陶瓷錶側環、藍寶石水晶底蓋／時間指示、日期顯示／ETA2892-A2自動機芯、儲能44小時／防水300米／一條快拆黑色DLC精鋼鍊帶、一條橡膠錶帶

參考價NT$95,000

Cosmo宇宙綠松石珍珠母貝大星期腕錶

直徑40毫米精鋼錶殼與鍊帶／綠松石珍珠母貝錶盤／時間指示、日期與星期顯示／ETA2834-2自動機芯、儲能40小時／防水100米

參考價NT$41,400

Cosmo宇宙綠松石珍珠母貝面腕錶

直徑27毫米精鋼錶殼與鍊帶／綠松石珍珠母貝錶盤／時間指示、日期顯示／ Sellita SW-100自動機芯、儲能40小時／防水100米

參考價NT$38,200

Cosmo宇宙鮭魚色面半金腕錶

直徑27毫米精鋼鍍金雙色金錶殼與鍊帶、錶圈鑲鑽／鮭魚色太陽紋拉絲絨錶盤／時間指示、日期顯示／Sellita SW-100自動機芯、儲能40小時／防水100米

參考價NT$42,700

Cosmo宇宙鮭魚色面腕錶

直徑27毫米精鋼錶殼與鍊帶／鮭魚色太陽紋拉絲絨錶盤／時間指示、日期顯示／Sellita SW-100自動機芯、儲能40小時／防水100米

參考價NT$35,400

ULYSSE NARDIN 雅典錶

發源國家：瑞士 **創始年份**：1846年 **洽詢電話**：(02)2712-1158

Freak One奇想腕錶

直徑44毫米黑色DLC鍍層緞面打磨鈦金屬錶殼、18K玫瑰金錶圈、藍寶石水晶底蓋／時間指示／自製UN-240飛行卡羅素自動機芯、90小時儲能、超大矽質擺輪、矽質游絲鑽石矽擒縱、Grinder®磨床式自動上鍊系統／防水30米

Freak One OPS奇想腕錶

直徑44毫米黑色DLC鍍層緞面打磨鈦金屬錶殼、Carbonium®碳正離子錶圈、藍寶石水晶底蓋／時間指示／自製UN-240飛行卡羅素自動機芯、超大矽質擺輪、矽質游絲鑽石矽擒縱、90小時儲能、Grinder®磨床式自動上鍊系統／防水30米

Freak S Nomad奇想S行者腕錶

直徑45毫米鈦金屬錶殼、碳灰色PVD鍍層鈦金屬錶圈 、碳纖維錶耳、藍寶石水晶底蓋／沙丘色CVD鍍層機刻錶盤／時間指式／自製UN-251飛行卡羅素自動機芯、儲能72小時、兩枚20°夾角的超大矽材質擺輪、DiamonSil鑽石矽晶體擒縱／限量99只

Freak X OPS奇想腕錶

直徑43毫米軍綠複合碳纖維材質側錶殼、黑色DLC鈦金屬材質、藍寶石水晶底蓋／時間指示／自製UN-230飛行卡羅素自動機芯、72小時儲能、超大矽質擺輪和矽擒縱／防水50米

Freak X奇想腕錶

直徑43毫米藍色PVD鈦金屬錶殼、藍寶石水晶底蓋／時間指示／自製UN-230飛行卡羅素自動機芯、72小時儲能、超大矽質擺輪和矽擒縱／防水50米

Blast月之狂想腕錶

直徑45毫米黑色陶瓷與黑色DLC鈦金屬錶殼、藍寶石水晶底蓋／時間指示、月相盈虧顯示、24小時日夜世界時區顯示、日期顯示、潮汐系數／UN-106自動機芯、儲能50小時、矽質擺輪游絲、擒縱輪及擒縱叉／防水30米

BLAST金龍陀飛輪腕錶

直徑45毫米18K玫瑰金與黑色DLC鈦金屬錶殼／時間指示／UN-172鏤空自動飛行陀飛輪機芯、儲能72小時、矽質擺輪游絲、擒縱輪及擒縱叉、鉑金微型自動盤／防水50米

BLAST鏤空陀飛輪腕錶藍金款

直徑45毫米18K玫瑰金與藍色PVD鈦金屬錶殼、藍寶石水晶底蓋／時間指示／自製UN-172鏤空自動飛行陀飛輪機芯、儲能72小時、矽質擺輪游絲、擒縱輪及擒縱叉、鉑金微型自動盤／防水50米

BLAST鏤空陀飛輪腕錶白色款

直徑45毫米陶瓷與鈦金屬錶殼、藍寶石水晶底蓋／時間指示／自製UN-172鏤空自動飛行陀飛輪機芯、儲能72小時、矽質擺輪游絲、擒縱輪及擒縱叉、鉑金微型自動盤／防水50米

Diver X OPS潛水系列鏤空腕錶

直徑44毫米緞面拋光黑色DLC鍍層鈦金屬錶殼、Carbonium®碳正離子旋轉錶圈、藍寶石水晶底蓋／時間指示／UN-372自製自動機芯、儲能72小時、超大矽質擺輪、矽質擒縱結構及擺輪游絲／防水200米

Diver X潛水系列鏤空腕錶蔚藍款

直徑44毫米緞面拋光黑色DLC鍍層鈦金屬錶殼、Carbonium®碳正離子旋轉錶圈、藍寶石水晶底蓋／時間指示／自製UN-372自動機芯、儲能72小時、超大矽質擺輪、矽質擒縱結構及擺輪游絲／防水200米

Diver潛水系列世界環球帆船賽計時碼錶

直徑44毫米噴砂黑色DLC鍍層鈦金屬錶殼、Carbonium®碳正離子錶圈、藍寶石水晶底蓋／時間指示、日期顯示、計時碼錶／自製UN-150自動機芯、儲能48小時、矽質擒縱輪、擒縱叉及擺輪游絲／防水300米／限量100只

Diver Chronometer天文台潛水系列腕錶

直徑44毫米藍色PVD鍍層緞面拋光鈦金屬錶殼、玫瑰金旋轉錶圈、藍寶石水晶底蓋／時間指示、儲能指示／自製UN-118自動機芯、儲能60小時、矽質擺輪游絲、DiamonSil鑽石矽晶體擒縱結構／防水300米

Diver Net OPS潛水系列腕錶

直徑44毫米再生精鋼、漁網回收再生Nylo®聚醯胺、Carbonium®碳正離子材質錶殼、Carbonium®碳正離子旋轉錶圈、藍寶石水晶底蓋／時間指示、日期顯示、儲能指示／UN-118自製機芯、儲能60小時、矽質擺輪游絲、DiamonSil鑽石矽晶體擒縱結構／防水300米

Diver Net 潛水系列腕錶蔚藍款

直徑44毫米再生精鋼、漁網回收再生Nylo®聚醯胺、Carbonium®碳正離子材質錶殼、Carbonium®碳正離子旋轉錶圈、藍寶石水晶底蓋／時間指示、日期顯示、儲能指示／UN-118自製機芯、儲能60小時、矽質擺輪游絲、DiamonSil鑽石矽晶體擒縱結構／防水300米

航海系列領航者大明火琺瑯陀飛輪腕錶

直徑42毫米拋光及緞面打磨精鋼錶殼、藍寶石水晶底蓋／大明火琺瑯錶盤／時間指示／自製UN-128恆定動力自動陀飛輪機芯、儲能60小時、矽質擒縱輪、擒縱叉及擺輪游絲／防水50米

航海系列領航者月相腕錶

直徑42毫米拋光及緞面打磨18K玫瑰金錶殼、藍寶石水晶底蓋／時間指示、月相顯示、儲能指示／自製UN-119自動機芯、瑞士官方天文台COSC認證、儲能60小時、矽質擺輪游絲、DiamonSil鑽石矽晶體擒縱結構／防水50米

航海系列領航者雙時區腕錶

直徑44毫米拋光及緞面打磨精鋼錶殼、精鋼及藍寶石水晶玻璃透視錶背／小時、分鐘、小秒鐘、大日期顯示／自製UN-334自動機芯、儲能48小時、矽質擒縱輪、擒縱叉及擺輪游絲／防水50米

Diver Atoll珊瑚礁腕錶

直徑39毫米精鋼錶殼鑲嵌鑽石／時間指示、日期顯示／矽孔雀石錶盤／自製UN-816自動機芯、儲能42小時、矽質擒縱輪與擒縱叉／防水300米／限量100只

Diver Starry Night美人魚繁星夜潛水腕錶

直徑39毫米精鋼錶殼鑲嵌鑽石／砂金石錶盤／時間指示、日期顯示／自製UN-816自動機芯、儲能42小時、矽質擒縱輪與擒縱叉／防水300米

Classico Manara限量系列

直徑40毫米精鋼錶殼、藍寶石水晶底蓋／微縮彩繪錶盤／時間指示／自製UN-320自動機芯、矽質擒縱輪、擒縱叉及擺輪游絲／防水30米／限量40只

Classico Manara限量系列

直徑40毫米精鋼錶殼、藍寶石水晶底蓋／微縮彩繪錶盤／時間指示／自製UN-320自動機芯、矽質擒縱輪、擒縱叉及擺輪游絲／防水30米／限量40只

Classico Manara限量系列

直徑40毫米精鋼錶殼、藍寶石水晶底蓋／微縮彩繪錶盤／時間指示／自製UN-320自動機芯、矽質擒縱輪、擒縱叉及擺輪游絲／防水30米／限量40只

URWERK

發源國家：瑞士　**創始年份**：1997年　**洽詢電話**：(02)2700-8927

EMC SR-71十周年紀念版

直徑47.55×49.57鈦金屬和精鋼錶殼、SR-71鈦合金充電手柄、藍寶石水晶底蓋／時間指示、專利精確度顯示δ、Maxon®手動發電器、儲能指示、微調螺絲／自製UR-EMC 手上鍊機芯／防水30米／限量10只

參考價NT$6,270,000

UR-230 Eagle漫遊衛星顯時腕錶

直徑44.81×53.55毫米黑色類鑽碳塗層鈦金屬及318層碳薄層材質的錶殼／衛星小時分鐘／UR-7.30自動機芯、儲能48小時／防水30米／限量35只

參考價NT$ 7,400,000

UR-120 Space Black腕錶

直徑47×44毫米黑色類鑽碳塗層及矽塗層鈦金屬錶殼、精鋼錶圈／時間指示／UR-20.01自動機芯、儲能48小時／防水30米

參考價NT$4,500,000

UR-100V LightSpeed腕錶

直徑43毫米ThinPly 黑色碳纖維錶殼、5級鈦金屬錶背、鋁金屬內殼、藍寶石水晶底蓋／衛星式時間顯示、太陽光到達八大行星的時間／UR 12.02自動機芯、儲能48小時／防水50米

參考價NT$2,680,000

UR-100V Magic T漫遊衛星顯時限量腕錶

直徑41×49.7毫米鈦金屬錶殼與錶帶、藍寶石水晶底蓋／漫遊式衛星小時轉頭、回 撥分針時間指示、地球赤道自轉20分鐘的距離、地球公轉20分鐘的距離／UR 12.02自動機芯、行星齒輪可調節上鍊速度、儲能48小時／防水30米

參考價NT$2,380,000

VAN CLEEF & ARPELS 梵克雅寶

發源國家：法國　**創始年份**：1906年　**洽詢電話**：(02)8101-8333

Poetic Complications詩意複雜功能系列
Lady Jour Nuit腕錶

直徑33毫米18K白金錶殼鑲嵌鑽石／砂金玻璃錶盤鑲嵌珍珠母貝、白金、黃金、鑽石／時間指示、日夜顯示／自動機芯／快拆鱷魚皮錶帶

Extraordinary Dials非凡工藝錶盤系列
Lady Arpels Jour Enchanté腕錶

直徑41毫米18K白金錶殼鑲嵌鑽石／白金錶盤鑲嵌黃金、彩色藍寶石、錳鋁榴石、鑽石、綠松石、plique-à-jour彩繪玻璃琺瑯、façonné微雕琺瑯、鑲嵌琺瑯、飄浮鑲嵌／時間指示／手上鍊機芯／快拆鱷魚皮錶帶

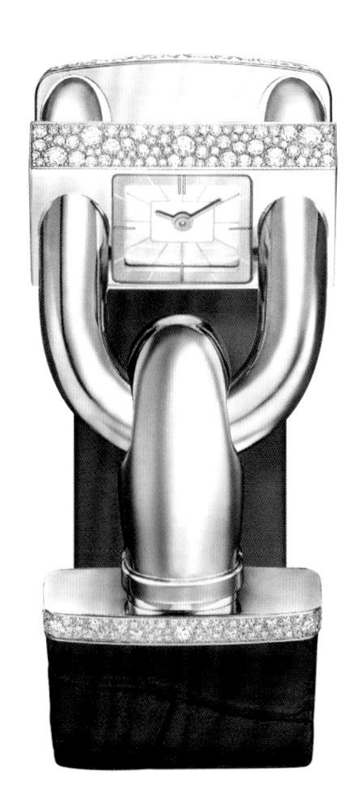

Cadenas腕錶

直徑14×26毫米18K黃金錶殼、雪花鑲嵌法鋪鑲圓形鑽石／白色珍珠貝母錶盤／時間指示／石英機芯

Alhambra系列Sweet Alhambra腕錶

直徑22.7毫米18K黃金錶殼、18K黃金錶鍊鑲嵌藍瑪瑙／璣鏤雕花18K黃金錶盤／時間指示／石英機芯

Poetic Complications詩意複雜功能系列
Lady Arpels Brise d'Eté腕錶

直徑38毫米18K白金錶殼鑲嵌鑽石／珍珠母貝錶盤鑲嵌沙佛萊石及錳鋁榴石、珍珠母貝、微型彩繪、plique-à-jour彩繪玻璃琺瑯、champlevé內填及vallonné丘陵琺瑯／時間指示／自主動態模件自動機芯／快拆鱷魚皮錶帶

VACHERON CONSTANTIN 江詩丹頓

發源國家：瑞士　**創始年份**：1755年　**洽詢電話**：(02)8101-8658、(04)2258-2558

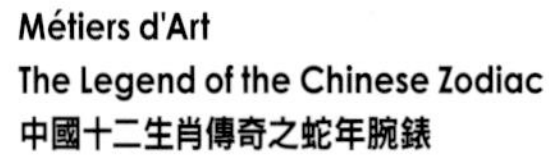

Métiers d'Art
The Legend of the Chinese Zodiac
中國十二生肖傳奇之蛇年腕錶

直徑40毫米950鉑金錶殼、透明底蓋／時間顯示、日期星期顯示／自製2460 G4自動機芯、儲能40小時、日內瓦印記／防水30米／限量25只

Métiers d'Art
The Legend of the Chinese Zodiac
中國十二生肖傳奇之蛇年腕錶

直徑40毫米18K 5N粉紅金或錶殼、藍寶石水晶底蓋／時間顯示、日期星期顯示／自製2460 G4自動機芯、儲能40小時、日內瓦印記／防水30米／限量25只

Traditionnelle Tourbillon Chronograph
單按把計時陀飛輪腕錶

直徑42.5毫米950鉑金錶殼、透明底蓋／950鉑金錶盤／時間指示、單按把計時／江詩丹頓自行研發並製造3200手上鍊陀飛輪機芯、儲能65小時、日內瓦印記／防水30米／限量50只

Overseas陀飛輪腕錶

直徑42.5毫米五級鈦金屬錶殼、透明底蓋／半透明藍色調漆面錶盤／時間指示／江詩丹頓自行研發並製造2160超薄自動陀飛輪機芯、儲能80小時、日內瓦印記／防水50米

Patrimony自動上鏈 腕錶

直徑40毫米18K 3N黃金錶殼／金色圓紋裝飾錶盤／時間指示、日期顯示／江詩丹頓自行研發並製造2450 Q6自動機芯、儲能約40小時、日內瓦印記／防水30米

Overseas系列計時腕錶

直徑42.5毫米18K 5N粉紅金錶殼、透明底蓋／時間指示、日期顯示、計時碼錶／江詩丹頓自行研發並製造5200自動上鍊機芯、儲能約52小時／防水150米

Overseas系列兩地時間腕錶

直徑41毫米18K 5N粉紅金錶殼、透明底蓋／時間、日期指示、兩地時間與晝夜顯示／江詩丹頓自行研發並製造5110 DT自動上鍊機芯、儲能約60小時／防水150米

Overseas系列自動上鏈腕錶

直徑35毫米18K 5N粉紅金錶殼、錶圈鑲鑽、透明底蓋／時間指示、日期顯示／江詩丹頓自行研發並製造1088/1自動上鍊機芯、儲能約40小時／防水150米

Patrimony月相逆跳日曆腕錶

直徑42.5毫米18K白金錶殼、透明底蓋／古銀色旭日紋錶盤／時間指示、逆跳日期、精密月相、月齡／江詩丹頓自行研發並製造2460 R31L自動機芯、儲能約40小時、日內瓦印記／防水30米

Patrimony手動上鏈腕錶

直徑39毫米18K 5N粉紅金錶殼／古銀色旭日紋錶盤／時間指示／江詩丹頓自行研發並製造1440手上鍊機芯、儲能約42小時、日內瓦印記／防水30米

Patrimony手動上鏈腕錶

直徑39毫米18K白金錶殼／古銀色旭日紋錶盤／時間指示／江詩丹頓自行研發並製造1440手上鍊機芯、儲能約42小時、日內瓦印記／防水30米

VOUTILAINEN

發源國家：瑞士　**創始年份**：2002年　**洽詢電話**：(02)8770-6918

KV 20i Reversed

直徑39毫米鈦金屬錶殼、透明底蓋／時間指示、偏心小秒盤顯示於錶背／自製機芯，設計、製造、完成與組裝全完成於Voutilainen的製錶工坊、儲能60小時

參考價請電洽

TMZ CSW

直徑39毫米枕型精鋼錶殼、透明底蓋／碳灰色手工機刻面盤／時間指示、世界時區／自製機芯，設計、製造、完成與組裝全完成於Voutilainen的製錶工坊、儲能60小時

參考價請電洽

Tourbillon 20th Anniversary

直徑40毫米18K白金錶殼、透明底蓋／銀質手工機刻面盤／時間指示、動力儲存顯示、陀飛輪顯示於錶背／自製機芯，設計、製造、完成與組裝全完成於Voutilainen的製錶工坊、儲能72小時／白金、玫瑰金、鉑金款各限量20只

參考價請電洽

Vingt-8

直徑39毫米18K玫瑰金錶殼、透明底蓋／銀質手工機刻面盤／時間指示／自製機芯，設計、製造、完成與組裝全完成於Voutilainen的製錶工坊、儲能60小時

參考價請電洽

GMT-6

直徑39毫米自製鉑金錶殼、透明底蓋／銀質手工機刻面盤、貴金屬手工雕刻日夜盤／時間指示、GMT／自製機芯，設計、製造、完成與組裝全完成於Voutilainen的製錶工坊、儲能60小時

參考價請電洽

ZENITH 真力時

發源國家：瑞士　**創始年份**：1865年　**洽詢電話**：(02)2720-6277

DEFY Skyline Chronograph

直徑42毫米精鋼錶殼、透明底蓋／藍色太陽紋錶盤／時間指示、日期顯示、1/10秒計時與停秒裝置／El Primero 3600自動機芯、儲能60小時／防水100米／附橡膠快拆錶帶

參考價NT$469,500

CHRONOMASTER SPORT Green

直徑41毫米精鋼錶殼、綠色陶瓷錶圈、透明底蓋／時間指示、日期顯示、1/10秒計時與停秒裝置／El Primero 3600自動機芯、儲能60小時／防水100米

參考價NT$396,700

DEFY Extreme Diver Black

直徑42.5毫米磨砂鈦金屬錶殼、透明底蓋／時間指示、日期顯示、停秒裝置及氮氣閥／El Primero 3620 SC自動機芯、儲能60小時／防水600米／附織物、鈦金屬快拆錶帶

參考價NT$396,700

CHRONOMASTER Original Triple Calendar

直徑38毫米精鋼錶殼、透明底蓋／銀色蛋白石錶盤／時間指示、全日曆、月相、1/10秒計時與停秒裝置／El Primero 3610自動機芯、儲能60小時／防水50米

參考價NT$487,700

DEFY Skyline Tourbillon Felipe Pantone

直徑41毫米精鋼錶殼、透明底蓋／雷射虹彩紋理錶盤／時間指示、陀飛輪／El Primero 3630自動機芯、儲能60小時／防水100米／附橡膠快拆錶帶

參考價NT$2,183,800

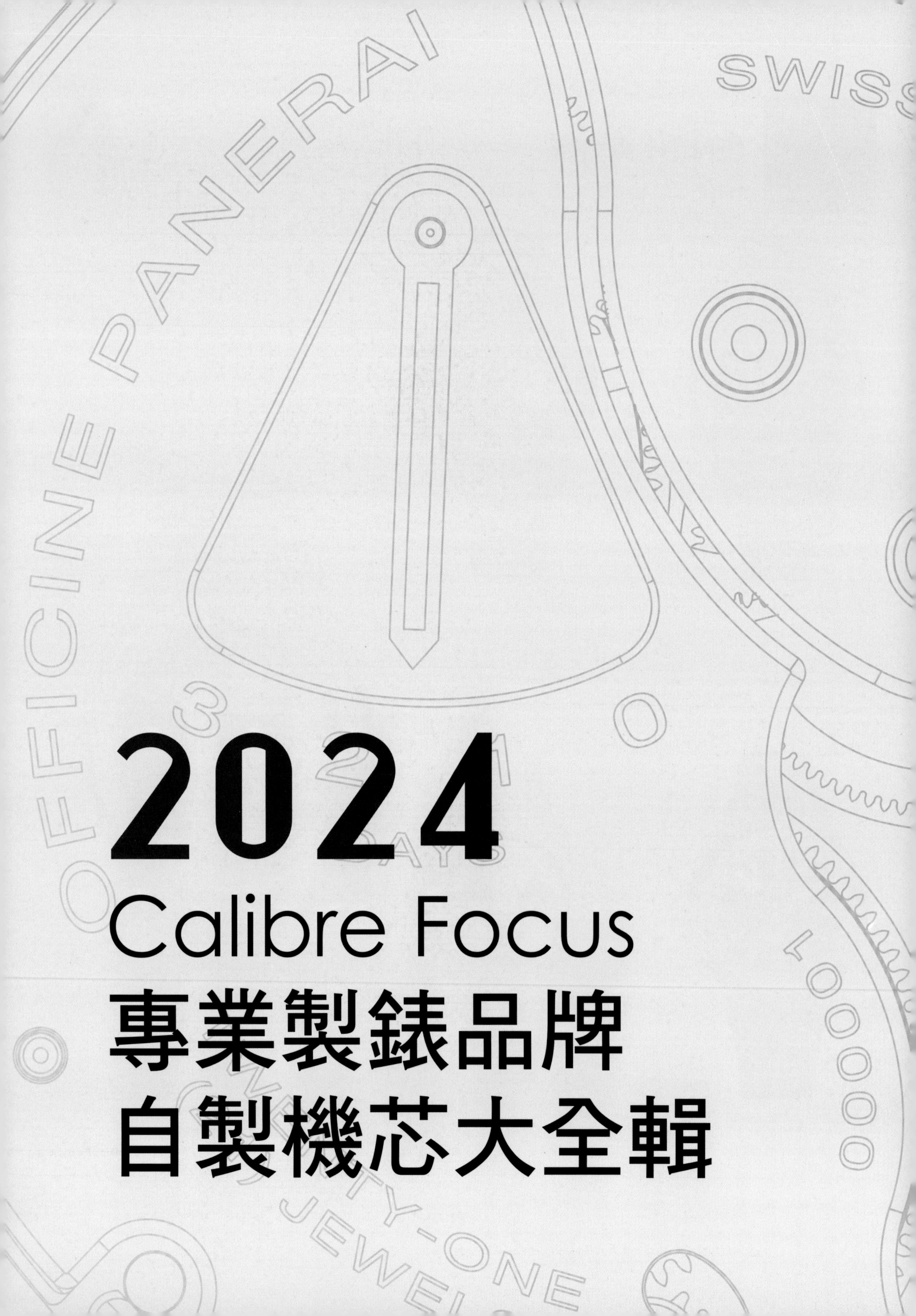

2024

Calibre Focus

專業製錶品牌
自製機芯大全輯

A. LANGE & SÖHNE

AUDEMARS PIGUET

ARNOLD & SON

BLANCPAIN

BREITLING

BVLGARI

CHOPARD

FREDERIQUE CONSTANT

GIRARD-PERREGAUX

GRAND SEIKO

OMEGA

PATEK PHILIPPE

ROLEX

VACHERON CONSTANTIN

ZENITH

A. LANGE & SÖHNE 朗格

Cal.L156.1

- 自動上鍊
- 直徑34.9毫米
- 日期、星期、大日期與計時功能
- 儲能50小時
- 振頻每小時28,800次
- Pt950鉑金自動盤
- 516枚零件
- 52石

Cal.L155.1

- 自動上鍊
- 直徑32.9毫米
- 小三針、星期與大日期功能
- 儲能50小時
- 振頻每小時28,800次
- Pt950鉑金自動盤
- 312枚零件
- 31石

Cal.L133.1

- 手動上鍊，芝麻鏈系統
- 直徑32.0毫米
- 萬年曆、月相、飛返與追針計時功能
- 儲能36小時
- 振頻每小時21,600次
- 陀飛輪擒縱裝置
- 1,320枚零件
- 52石

Cal.L122.1

- 手動上鍊
- 直徑30.0毫米、厚5.4毫米
- 小三針與三問報時功能
- 儲能72小時
- 振頻每小時21,600次
- 螺絲微調擺輪
- 415枚零件
- 40石

Cal.L101.2

- 手動上鍊
- 直徑32.6毫米
- 小三針與追針計時功能
- 儲能58小時
- 振頻每小時21,600次
- 螺絲微調擺輪
- 365枚零件
- 36石

Cal.L101.1

- 手動上鍊
- 直徑32.6毫米、厚9.1毫米
- 儲能指示、萬年曆、月相與追針計時功能
- 儲能42小時
- 振頻每小時21,600次
- 螺絲微調擺輪
- 631枚零件
- 43石

Cal.L121.2

- 手動上鍊
- 直徑30.6毫米、厚6.0毫米
- 時間、儲能指示、大日曆與月相功能
- 儲能72小時
- 振頻每小時21,600次
- 砝碼微調擺輪
- 411枚零件
- 44石，8個K金套筒

Cal. L132.1

- 手動上鍊
- 直徑30.60毫米、厚度9.4毫米
- 小三針與儲能指示、
  時分秒分段追針計時，飛返計時
- 儲能55小時
- 振頻每小時 21,600次
- 砝碼微調擺輪
- 567枚零件
- 46石，5個K金套筒

Cal.L141.1

- 手動上鍊
- 直徑34.1毫米、厚度6.7毫米
- 小三針、儲能、
  大日曆與世界時區功能
- 儲能72小時
- 振頻每小時21,600次
- 448枚零件
- 38石
- 以L901機芯改製而成

Cal.L951.7

- 手動上鍊
- 直徑30.6毫米、厚5.7毫米
- 時間、儲能指示、
  大日曆與飛返計時功能
- 儲能60小時
- 振頻每小時18,000次
- 砝碼微調擺輪
- 454枚零件
- 46石

Cal.L943.2

- 手動上鍊
- 直徑27.5毫米
- 小三針與月相顯示功能
- 儲能45小時
- 振頻每小時21,600次
- 6個K金套筒
- 21石
- 以L941.1機芯改製而成

Cal.L952.2

- 手動上鍊，陀飛輪擒縱
- 直徑30.6毫米
- 時間指示、飛返計時與萬年曆功能、
  儲能指示
- 儲能50小時
- 振頻每小時 18,000次
- 砝碼微調擺輪
- 729枚零件
- 59石

AUDEMARS PIGUET 愛彼

Cal.1000

- 自動上鍊
- 直徑34.3毫米、厚9.1毫米
- 自鳴三問、追針、天文月相…等23項複雜功能
- 儲能60小時
- 振頻每小時21,600次
- 陀飛輪擒縱裝置
- 1,155枚零件
- 表面經鍍銠處理
- 90石

Cal.2943

- 手動上鍊
- 直徑29.9毫米
- 時間指示、日期與計時功能
- 儲能72小時
- 振頻每小時21,600次
- 陀飛輪擒縱裝置
- 299枚零件
- 28石

Cal.2953

- 手動上鍊
- 直徑30.0毫米、厚6.0毫米
- 小三針與三問報時功能
- 儲能72小時
- 振頻每小時21,600次
- 砝碼補償擺輪
- 362枚零件
- 32石

Cal.2967

- 自動上鍊
- 直徑33.6毫米、厚8.4毫米
- 時間指示與飛返計時功能
- 儲能65小時
- 振頻每小時21,600次
- 飛行陀飛輪擒縱裝置
- 526枚零件
- 40石

Cal.4407

- 自動上鍊
- 直徑32.0毫米、厚8.9毫米
- 大日期、飛返追針計時與雙時區功能
- 儲能72小時
- 振頻每小時28,800次
- 砝碼補償擺輪
- 638枚零件
- 73石

Cal.7124

- 自動上鍊鏤空機芯
- 直徑29.6毫米、厚2.7毫米
- 時、分針指示功能
- 儲能57小時
- 振頻每小時28,800次
- 22K金鏤空自動盤
- 211枚零件
- 31石

Cal.2120/2800

- 自動上鍊
- 超薄萬年曆機芯
- 直徑28.4毫米
- 時間指示、萬年曆跟月相功能
- 儲能40小時
- 振頻每小時19,800次
- 砝碼補償擺輪
- 21K金鏤空自動盤
- 38石

Cal. 2860

- 手動上鍊
- 直徑39.5毫米，厚度8.5毫米
- 時間指示，萬年曆，月相，追針計時，三問報時
- 儲能30小時
- 振頻每小時 18,000次
- 螺絲微調擺輪
- 637枚零件
- 37石

Cal.2874

- 手動上鍊
- 大複雜功能，陀飛輪裝置
- 直徑29.9毫米
- 時間指示、計時與三問功能
- 儲能48小時
- 振頻每小時21,600次
- 螺絲補償擺輪
- 504枚零件
- 38石

Cal. 2912

- 手動上鍊
- 直徑34.6毫米，厚度10.67毫米
- 時間指示，計時功能
- 雙發條盒儲能237小時
- 振頻每小時 21,600次
- 陀飛輪擒縱裝置
- 黑色陽極去氧化鋁製夾板
- 328枚零件
- 30石

Cal. 2928

- 手動上鍊
- 直徑37.9毫米，厚度10.05毫米
- 時間指示，三問報時
- 雙發條盒儲能165小時
- 振頻每小時 21,600次
- AP專利雙游絲擒縱機構
- 443枚零件
- 40石

Cal.2948

- 手動上鍊鏤空機芯
- 陀飛輪擒縱裝置
- 直徑32.25毫米
- 時間指示功能
- 儲能72小時
- 振頻每小時21,600次
- 螺絲補償擺輪
- 19石

Cal. 2937

- 手動上鍊
- 直徑29.3毫米，厚度7.7毫米
- 時間指示、三問報時、計時功能
- 儲能42小時
- 振頻每小時 21,600次
- 陀飛輪擒縱裝置
- 478枚零件
- 43石

Cal.2956

- 手動上鍊
- 直徑29.9毫米
- 時間指示與鐘樂三問報時功能
- 儲能48小時
- 振頻每小時 21,600次
- 螺絲補償擺輪
- 489枚零件
- 53石

Cal.2965

- 手動上鍊
- 飛行陀飛輪擒縱裝置
- 直徑31毫米、厚3.9毫米
- 時間指示功能
- 儲能72小時
- 振頻每小時21,600次
- 螺絲補償擺輪
- 242枚零件
- 17石，6個K金套筒

Cal.2950

- 自動上鍊，飛行陀飛輪擒縱
- 直徑31.5毫米
- 時間指示功能
- 儲能65小時
- 振頻每小時 21,600次
- 螺絲補償擺輪
- 270枚零件
- 27石

Cal. 3129

- 自動上鍊
- 直徑26.6毫米，厚度4.31毫米
- 大三針時間指示，日期窗
- 儲能60小時
- 振頻每小時 21,600次
- 砝碼微調擺輪
- 233枚零件
- 38石

Cal. 3132

- 自動上鍊
- 直徑26.59毫米，厚度5.57毫米
- 大三針時間指示
- 儲能45小時
- 振頻每小時21,600次
- 雙擺輪
- 245枚零件
- 38石

Cal.4301

- 自動上鍊
- 直徑32毫米
- 時間指示、飛返計時與日期功能
- 儲能70小時
- 振頻每小時 28,800次
- 砝碼微調擺輪
- 367枚零件
- 40石

Cal.4309

- 自動上鍊
- 直徑32毫米、厚4.9毫米
- 以4302機芯為基礎製成
- 大三針時間指示功能
- 儲能70小時
- 振頻每小時28,800次
- 砝碼補償擺輪
- 225枚零件
- 32石
- 22K金自動盤

Cal.4401

- 自動上鍊
- 導柱輪飛返計時
- 直徑32毫米、厚6.8毫米
- 時間指示、計時跟日期功能
- 儲能70小時
- 振頻每小時28,800次
- 砝碼補償擺輪
- 381枚零件
- 40石
- 22K金鏤空自動盤

Cal.4409

- 自動上鍊
- 導柱輪飛返計時
- 直徑32毫米、厚6.8毫米
- 時間指示跟計時功能
- 儲能70小時
- 振頻每小時28,800次
- 砝碼補償擺輪
- 349枚零件
- 40石
- 22K金自動盤

Cal.5133

- 自動上鍊
- 超薄萬年曆機芯
- 直徑32毫米、厚2.89毫米
- 時間指示、萬年曆跟月相功能
- 儲能40小時
- 振頻每小時19,800次
- 砝碼補償擺輪
- 256枚零件
- 37石

Cal. 5134

- 自動上鍊
- 直徑29毫米，厚度4.5毫米
- 大三針時間指示、萬年曆、月相顯示
- 儲能40小時
- 振頻每小時 19,800次
- 砝碼微調擺輪
- 374枚零件
- 38石

ARNOLD & SON 亞諾錶

A&S 5201

- 手動上鍊
- 直徑31.10毫米、厚4.18毫米
- 小三針指示功能
- 雙發條盒裝置
- 儲能90小時
- 振頻每小時21,600次
- 24石
- 全面鏤空精雕處理
- 18K玫瑰金版本

A&S 1001

- 手動上鍊
- 直徑30.0毫米、厚2.7毫米
- 小三針指示功能
- 雙發條盒裝置
- 儲能90小時
- 振頻每小時21,600次
- 21石
- 藍鋼螺絲
- 日內瓦波紋修飾

A&S 1016

- 手動上鍊
- 直徑33.0毫米、厚4.7毫米
- 小三針跟儲能指示功能
- 雙發條盒裝置
- 儲能192小時
- 振頻每小時21,600次
- 33石
- 藍鋼螺絲
- 半鏤空夾板日內瓦波紋修飾

A&S 1512

- 手動上鍊
- 直徑34.0毫米、厚5.35毫米
- 時、分針指示功能
- 正面：大型月相顯示
- 背面：月齡指示
- 雙發條盒裝置
- 儲能80小時
- 振頻每小時21,600次
- 27石

A&S 1615

- 手動上鍊
- 直徑37.0毫米、厚4.4毫米
- 時、分針指示功能
- 雙儲能指示
- 雙發條盒裝置
- 儲能90小時
- 振頻每小時21,600次
- 27石
- 全面鏤空精雕處理

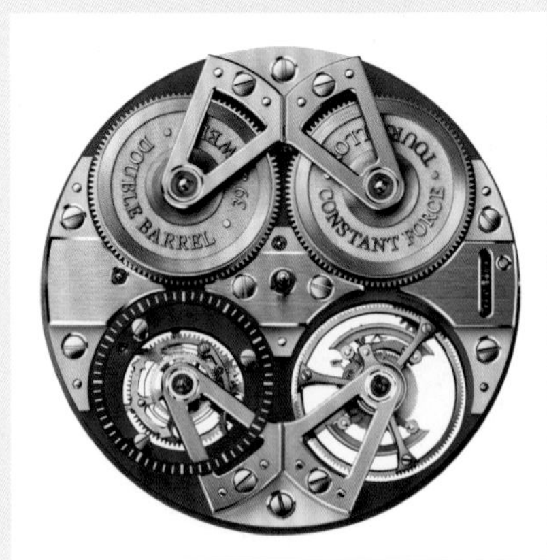

A&S 5119

- 手動上鍊
- 直徑36.8毫米、厚6.0毫米
- 時、分針以及跳秒指示
- 恆定動力裝置
- 雙發條盒儲能90小時
- 振頻每小時21,600次
- 39石
- 陀飛輪擒縱裝置

A&S 6003

- 自動上鍊
- 直徑38.0毫米、厚7.39毫米
- 時、分針指示功能
- 大型跳秒指針
- 儲能45小時
- 振頻每小時28,800次
- 32石
- 鏤空機刻自動盤

A&S 7103

- 自動上鍊
- 直徑35.0毫米、厚8.15毫米
- 時、分針指示功能
- 跳秒計時功能
- 儲能50小時
- 振頻每小時28,800次
- 31石

A&S 8000

- 手動上鍊
- 直徑32.6毫米、厚6.25毫米
- 時、分針指示功能
- 儲能80小時
- 振頻每小時21,600次
- 19石
- 陀飛輪擒縱裝置
- 夾板經手工精雕

A&S 8200

- 手動上鍊
- 直徑32.0毫米、厚2.97毫米
- 時、分針指示功能
- 雙發條盒儲能90小時
- 振頻每小時21,600次
- 29石
- 飛行陀飛輪裝置
- 藍鋼螺絲
- 夾板經手工精雕

A&S 8305

- 自動上鍊
- 直徑35.0毫米、厚8.15毫米
- 時間指示與計時功能
- 儲能55小時
- 振頻每小時28,800次
- 30石
- 陀飛輪擒縱裝置
- 22K金鏤空自動盤
- 藍鋼螺絲

A&S 8600

- 手動上鍊
- 直徑37.8毫米、厚5.9毫米
- 時、分針與跳秒指示功能
- 雙發條盒儲能90小時
- 振頻每小時28,800次
- 33石
- 陀飛輪擒縱裝置
- COSC天文台認證

BLANCPAIN 寶珀

Cal.1333SQ

- 手動上鍊
- 直徑30.6毫米、厚度4.2毫米
- 時間指示功能
- 三發條盒儲能192小時
- 振頻每小時 28,800次
- 矽游絲搭配螺絲微調擺輪
- 157枚零件
- 30石
- 手工精雕鏤空

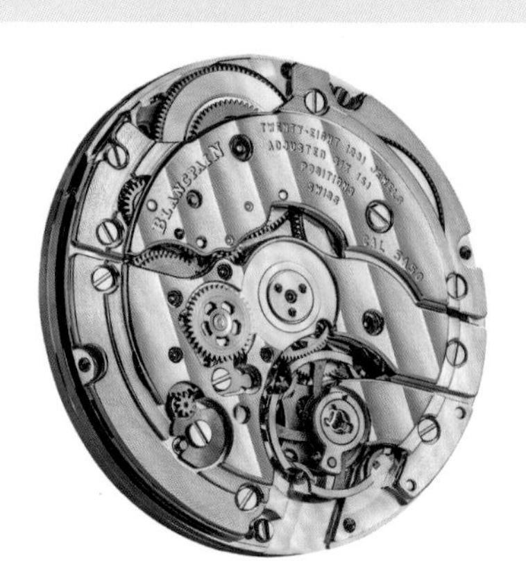

Cal.5A50

- 自動上鍊
- 厚度4.35毫米
- 大三針、日期跟雙時區功能
- 雙發條盒儲能100小時
- 振頻每小時 21,600次
- 矽游絲搭配螺絲微調擺輪
- 238枚零件
- 28石

Cal.11A4B

- 自動上鍊
- 厚度2.8毫米
- 時、分針指示，背面儲能指示
- 儲能100小時
- 振頻每小時 21,600次
- 矽游絲搭配螺絲微調擺輪
- 131枚零件
- 21石

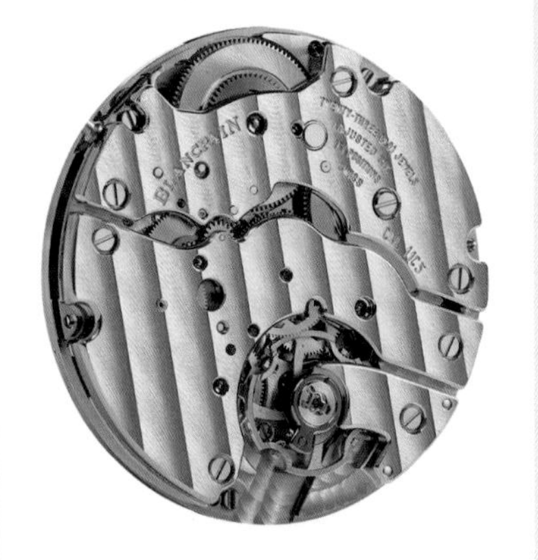

Cal.11C5

- 手動上鍊
- 直徑26.2毫米
- 儲能指示、日期、星期功能
- 儲能100小時
- 振頻每小時 21,600次
- 矽游絲搭配螺絲微調擺輪
- 211枚零件
- 23石

Cal.13R3A

- 手動上鍊
- 厚度4.3毫米
- 時、分針指示功能
- 三發條盒儲能192小時
- 振頻每小時 28,800次
- 矽游絲搭配螺絲微調擺輪
- 190枚零件
- 28石

Cal.25

- 自動上鍊
- 直徑26.2毫米、厚度4.86毫米
- 時間指示、日期跟儲能指示
- 儲能192小時
- 振頻每小時 21,600次
- 矽游絲搭配螺絲微調擺輪
- 238枚零件
- 29石

Cal.66BF8

- 自動上鍊
- 厚度7.5毫米
- 全日曆、月相與飛返計時功能
- 儲能40小時
- 振頻每小時 21,600次
- 矽游絲
- 448枚零件
- 37石

Cal.6763

- 自動上鍊
- 直徑27毫米、厚度4.9毫米
- 時間指示、全日曆與月相功能
- 雙發條盒儲能100小時
- 振頻每小時 21,600次
- 矽游絲搭配螺絲微調擺輪
- 261枚零件
- 30石

Cal.225

- 自動上鍊
- 直徑26.2毫米、厚度5.89毫米
- 時間指示、日期與儲能指示
- 儲能120小時
- 振頻每小時 21,600次
- 矽游絲搭配螺絲微調擺輪
- 263枚零件
- 36石
- 一分鐘卡羅素裝置

Cal.1736E

- 手動上鍊
- 直徑32.8毫米、厚度10.0毫米
- 時間指示與三問報時功能
- 儲能65小時
- 振頻每小時 28,800次
- 螺絲微調擺輪
- 417枚零件
- 47石
- 以Cal.232為基礎、一分鐘卡羅素裝置

Cal.242

- 自動上鍊
- 直徑30.6毫米、厚度6.1毫米
- 時、分針指示功能
- 背後儲能指示
- 儲能288小時
- 振頻每小時 21,600次
- 螺絲微調擺輪
- 243枚零件
- 43石、飛行陀飛輪裝置

Cal.260MR

- 手動上鍊
- 直徑30.6毫米、厚度5.85毫米
- 跳時、逆跳分針指示功能
- 背後儲能指示
- 儲能144小時
- 振頻每小時 21,600次
- 矽游絲搭配螺絲微調擺輪
- 273枚零件
- 40石、飛行陀飛輪裝置

Cal.332C

- 手動上鍊
- 直徑23.9毫米、厚度5.2毫米
- 時間指示與三問報時功能
- 儲能40小時
- 振頻每小時 21,600次
- 矽游絲搭配螺絲微調擺輪
- 352枚零件
- 32石

Cal.510

- 手動上鍊
- 直徑12X25.2毫米
- 厚度2.6毫米
- 時、分針指示功能
- 儲能52小時
- 振頻每小時 21,600次
- 矽游絲搭配螺絲微調擺輪
- 128枚零件
- 23石

Cal.615

- 自動上鍊
- 直徑15.7毫米、厚度3.9毫米
- 時、分針指示功能
- 儲能38小時
- 振頻每小時 21,600次
- 矽游絲搭配螺絲微調擺輪
- 180枚零件
- 29石

Cal.1150

- 自動上鍊
- 直徑26.2毫米、厚度3.25毫米
- 大三針與日期功能
- 雙發條盒儲能100小時
- 振頻每小時 21,600次
- 矽游絲
- 210枚零件
- 28石

Cal.F185

- 自動上鍊
- 直徑26.2毫米、厚度5.48毫米
- 時間指示、日期與飛返計時
- 儲能40小時
- 振頻每小時 21,600次
- 矽游絲
- 308枚零件
- 37石

Cal.6654

- 自動上鍊
- 直徑32.0毫米、厚度5.48毫米
- 時間指示、全日曆與月相
- 儲能72小時
- 振頻每小時 28,800次
- 矽游絲搭配螺絲微調擺輪
- 321枚零件
- 28石

BREITLING 百年靈

Cal.B19

- 自動上鍊
- 直徑30.0毫米、厚8.53毫米
- 時間指示、萬年曆、月相與計時
- 儲能96小時
- 振頻每小時28,800次
- 導柱輪控制與垂直離合裝置
- 22K金自動盤上鐫刻錶廠圖案
- COSC天文台認證
- 374枚零件、39石

Cal.B01

- 自動上鍊
- 直徑30.0毫米、厚7.2毫米
- 小三針、日期與計時功能
- 儲能70小時
- 振頻每小時28,800次
- 導柱輪加垂直離合機構
- 經瑞士官方天文台COSC認證
- 41石

Cal.B02

- 手動上鍊
- 直徑30.0毫米
- 小三針、日期與計時功能
- 儲能70小時
- 振頻每小時28,800次
- 導柱輪加垂直離合機構
- 經瑞士官方天文台COSC認證
- 39石

Cal.B04

- 自動上鍊
- 直徑30.0毫米
- 日期、雙時區與計時功能
- 儲能70小時
- 振頻每小時28,800次
- 導柱輪加垂直離合機構
- 經瑞士官方天文台COSC認證
- 47石

Cal.B05

- 自動上鍊
- 直徑30.0毫米
- 日期、世界時區與計時功能
- 儲能70小時
- 振頻每小時28,800次
- 導柱輪加垂直離合機構
- 經瑞士官方天文台COSC認證
- 56石

Cal.B12

- 自動上鍊
- 直徑30.0毫米
- 24小時制時針、日期與計時功能
- 儲能70小時
- 振頻每小時28,800次
- 導柱輪加垂直離合機構
- 經瑞士官方天文台COSC認證
- 47石

BVLGARI 寶格麗

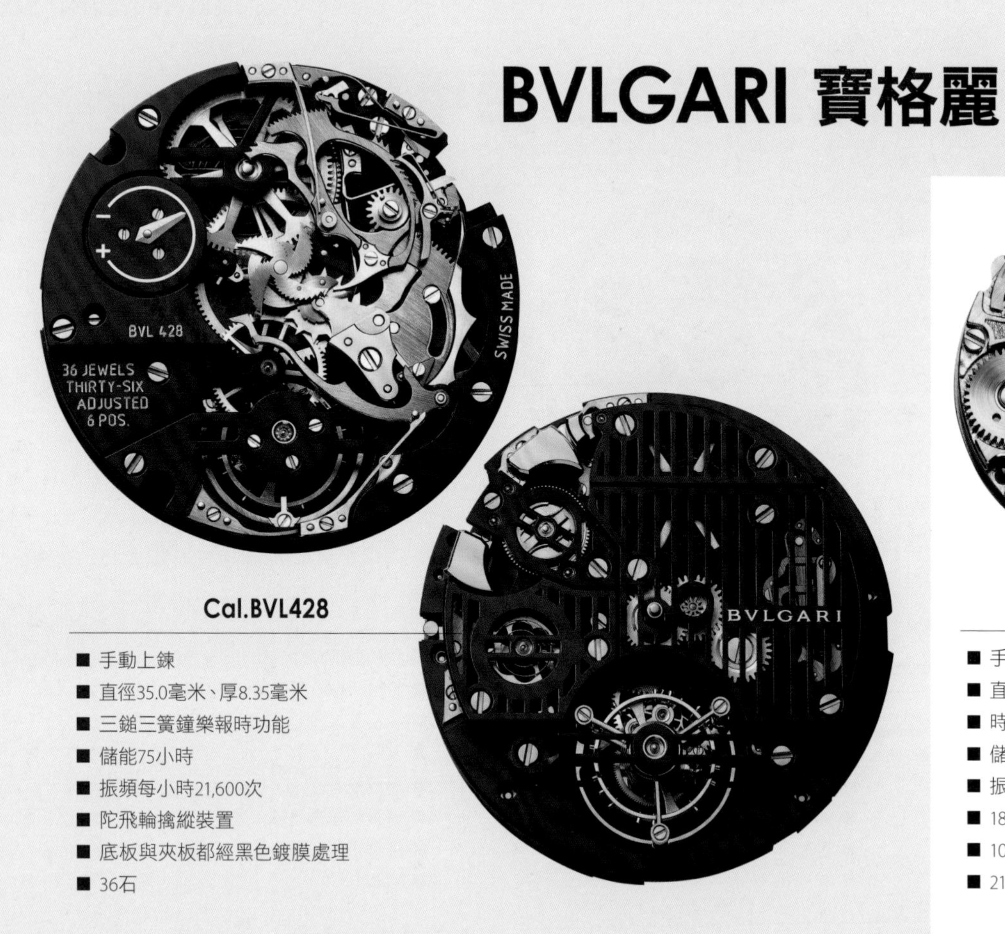

Cal.BVL428

- 手動上鍊
- 直徑35.0毫米、厚8.35毫米
- 三鎚三簧鐘樂報時功能
- 儲能75小時
- 振頻每小時21,600次
- 陀飛輪擒縱裝置
- 底板與夾板都經黑色鍍膜處理
- 36石

Cal.BVL100

- 手動上鍊
- 直徑12.3毫米、厚2.5毫米
- 時、分針指示功能
- 儲能30小時
- 振頻每小時21,600次
- 18K白金擺輪
- 102枚零件
- 21石

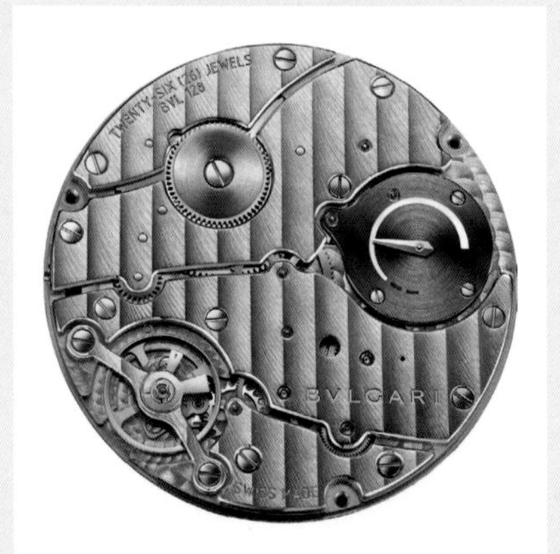

Cal.BVL128

- 手動上鍊
- 直徑36.6毫米
- 超薄設計厚度2.23毫米
- 小三針、儲能指示功能
- 儲能65小時
- 振頻每小時28,800次
- 26石

Cal.BVL128SK

- 手動上鍊
- 直徑36.6毫米
- 超薄設計厚度2.35毫米
- 機芯經全鏤空鐫刻
- 小三針、儲能指示功能
- 儲能65小時
- 振頻每小時28,800次
- 28石

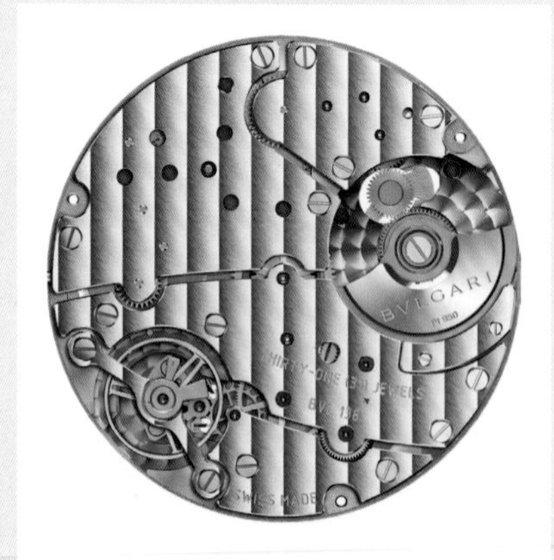

Cal.BVL138

- 自動上鍊
- 直徑36.6毫米
- 超薄設計厚度2.23毫米
- 小三針指示功能
- 儲能60小時
- 振頻每小時21,600次
- 31石

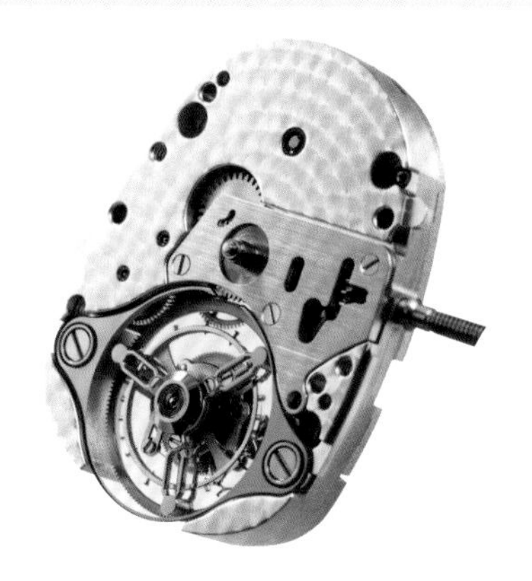

Cal.BVL150

- 自動上鍊
- 直徑22X18毫米
- 厚度3.65毫米
- 時、分針指示功能
- 儲能40小時
- 振頻每小時21,600次
- 飛行陀飛輪裝置
- 23石

Cal.BVL191

- 自動上鍊
- 直徑25.6毫米
- 厚度3.8毫米
- 大三針指示與日期功能
- 儲能42小時
- 振頻每小時28,800次
- 26石

Cal.BVL193

- 自動上鍊
- 直徑25.6毫米
- 厚度3.7毫米
- 大三針指示與日期功能
- 儲能50小時
- 振頻每小時28,800次
- 28石基礎機芯Vaucher VMF 4000

Cal.BVL199SK

- 手動上鍊
- 直徑36.6毫米
- 厚度2.5毫米
- 機芯全鏤空且經鍍黑處理
- 小三針與儲能指示功能
- 儲能八天
- 振頻每小時21,600次
- 33石

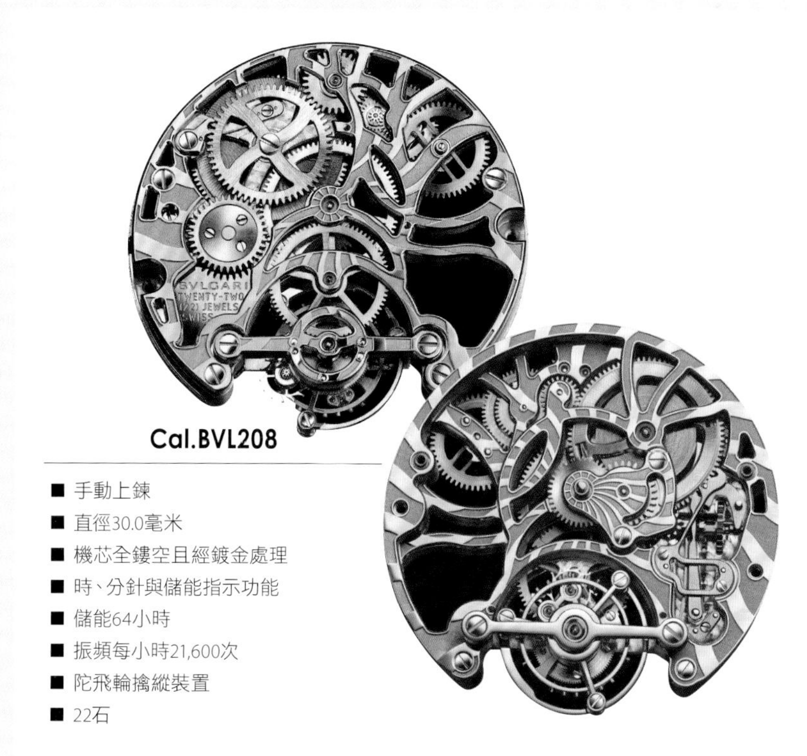

Cal.BVL208

- 手動上鍊
- 直徑30.0毫米
- 機芯全鏤空且經鍍金處理
- 時、分針與儲能指示功能
- 儲能64小時
- 振頻每小時21,600次
- 陀飛輪擒縱裝置
- 22石

CHOPARD 蕭邦

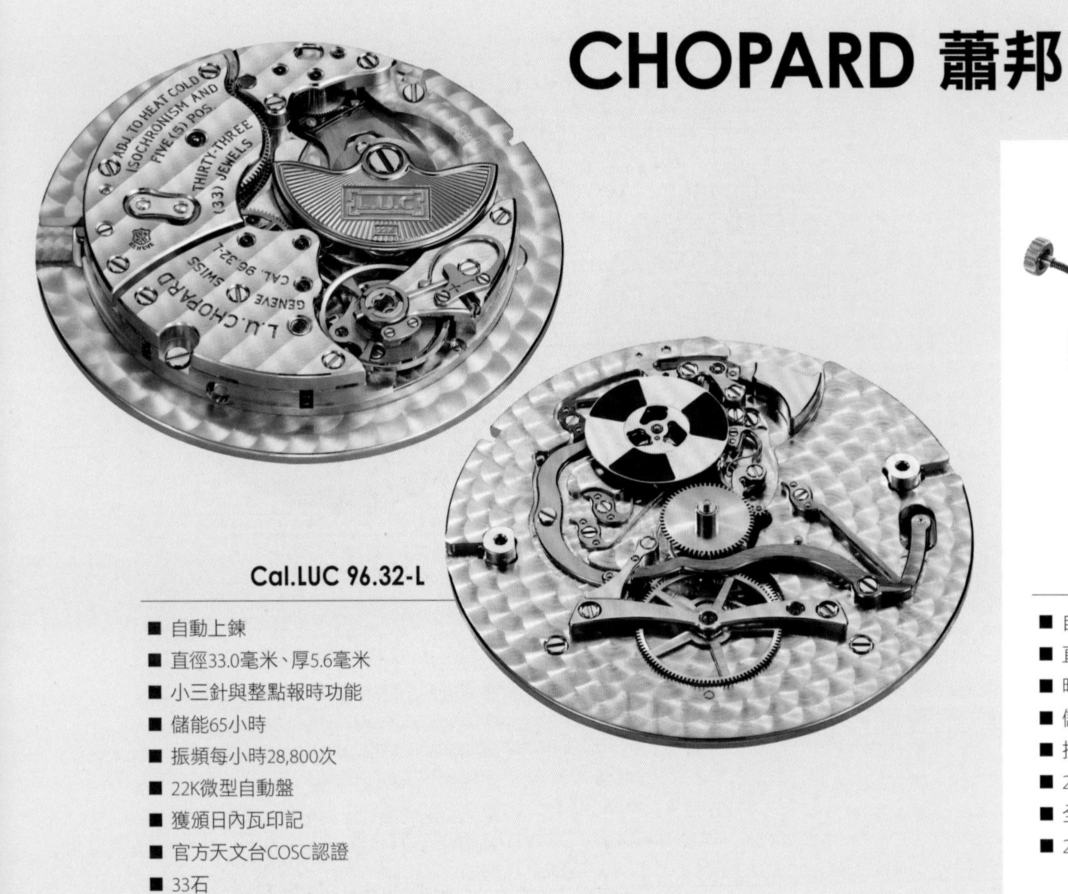

Cal.LUC 96.32-L

- 自動上鍊
- 直徑33.0毫米、厚5.6毫米
- 小三針與整點報時功能
- 儲能65小時
- 振頻每小時28,800次
- 22K微型自動盤
- 獲頒日內瓦印記
- 官方天文台COSC認證
- 33石

Cal.LUC 96.17-S

- 自動上鍊
- 直徑27.4毫米、厚3.3毫米
- 時、分針指示功能
- 儲能65小時
- 振頻每小時28,800次
- 22K微型自動盤
- 全鏤空鐫刻
- 29石

Cal.LUC 96.26-L

- 自動上鍊
- 直徑27.4毫米、厚3.3毫米
- 小三針與日期功能
- 儲能65小時
- 振頻每小時28,800次
- 22K微型自動盤
- 官方天文台COSC認證
- 經過QF認證
- 29石

Cal.LUC 97.01-L

- 自動上鍊
- 直徑27.6毫米、厚3.3毫米
- 小三針與日期功能
- 儲能65小時
- 振頻每小時28,800次
- 22K微型自動盤
- 獲頒日內瓦印記
- 官方天文台COSC認證
- 29石

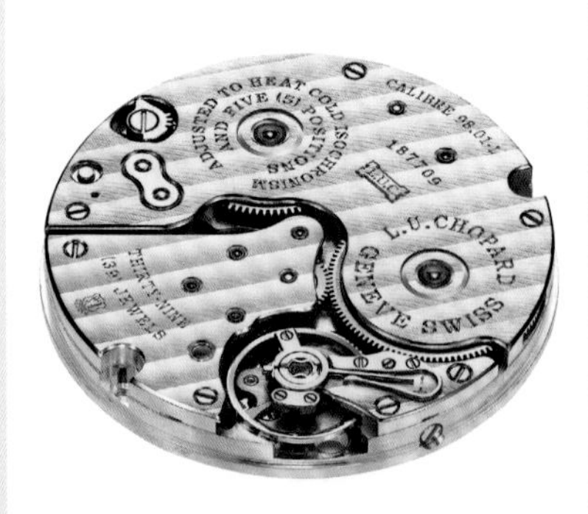

Cal.LUC 98.01-L

- 手動上鍊
- 直徑28.6毫米、厚3.7毫米
- 小三針、日期與儲能指示功能
- 儲能216小時
- 振頻每小時28,800次
- 獲頒日內瓦印記
- 官方天文台COSC認證
- 39石

LUC 08.01-L

- 手動上鍊
- 直徑37.2毫米、厚7.97毫米
- 小三針與按鍵式三問報時功能
- 走時跟報時系統雙儲能指示
- 儲能60小時
- 振頻每小時28,800次
- 533枚零件，63石
- 天文台認證與日內瓦印記
- 蕭邦專利藍寶石水晶音簧

L.U.C 02.15-L

- 手動上鍊
- 直徑33毫米，厚度9.35毫米
- 小三針，萬年曆；錶背動力儲存指示
- 儲能216小時
- 振頻每小時 28,800次
- 31石
- 日內瓦印記
- C.O.S.C.瑞士官方天文台認證

L.U.C 03.07-L

- 手動上鍊
- 直徑28.80毫米，厚度5.62毫米
- 小三針指示，日期顯示，計時功能
- 儲能60小時
- 振頻每小時 28,800次
- 38石
- 日內瓦印記
- C.O.S.C.瑞士官方天文台認證

L.U.C 1.98

- 手動上鍊
- 直徑28毫米、厚度3.70毫米
- 小三針、日期、動力儲存指示
- 儲能216小時
- 振頻每小時 28,800次
- 日內瓦印記
- C.O.S.C.瑞士官方天文台認證
- 39石

Cal.03.05-C

- 自動上鍊
- 直徑28.8毫米
- 飛返計時與日期功能
- 儲能60小時
- 振頻每小時 28,800次
- 官方天文台認證
- 359枚零件
- 45石

L.U.C 96.23-L

- 自動上鍊
- 直徑27.4毫米、厚度3.3毫米
- 時、分針指示功能
- 雙發條盒儲能65小時
- 振頻每小時28,800次
- 玫瑰金夾板經手工雕飾並鍍銠處理
- 29石

Cal.01.01-C

- 自動上鍊
- 直徑28.8毫米
- 大三針與日期功能
- 儲能60小時
- 振頻每小時 28,800次
- 官方天文台認證
- 31石

Cal.96.09-L

- 自動上鍊，22K金微自動盤
- 直徑27.4毫米、厚3.3毫米
- 時、分針指示與小秒針功能
- 儲能65小時
- 振頻每小時28,800次
- 172枚零件
- 29石

Cal.96.17-S

- 自動上鍊，22K金微自動盤
- 直徑27.4毫米、厚3.3毫米
- 時間指示功能
- 儲能65小時
- 振頻每小時28,800次
- 167枚零件
- 29石

Cal.09.01-C

- 自動上鍊
- 直徑25.6毫米
- 大三針時間指示功能
- 儲能42小時
- 振頻每小時25,200次
- 148枚零件
- 27石
- COSC天文台認證

L.U.C 96.51-L

- 自動上鍊
- 直徑33毫米，厚度6毫米
- 時間指示與大日期萬年曆功能
- 雙發條盒儲能58小時
- 振頻每小時28,800次
- 27石
- COSC天文台認證

Cal. 01.01-M

- 自動上鍊
- 直徑28.8毫米，厚度4.95毫米
- 大三針指示與日期功能
- 儲能60小時
- 振頻每小時28,800次
- 31石
- COSC天文台認證

FREDERIQUE CONSTANT
康斯登

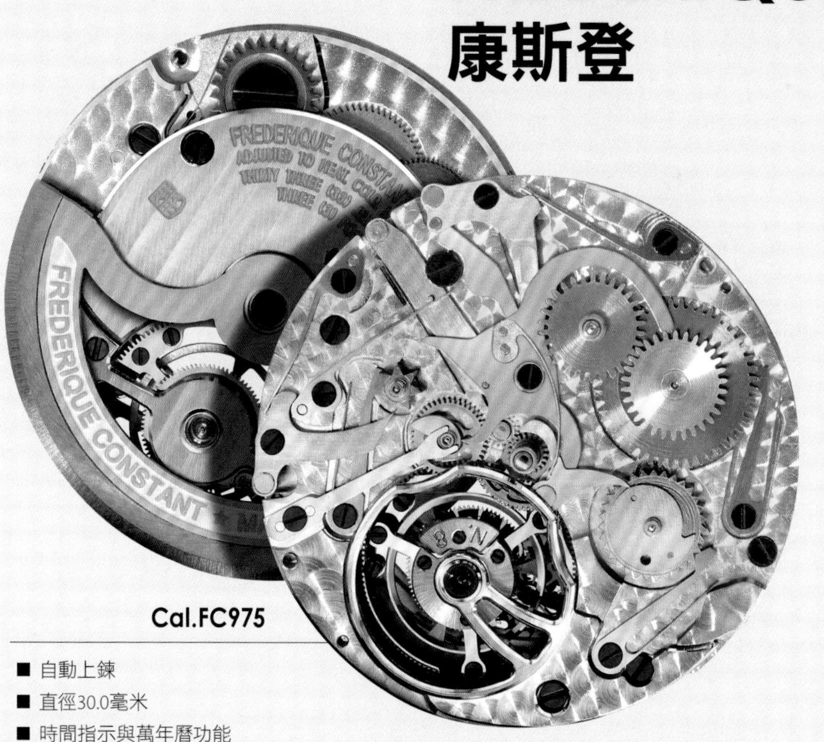

Cal.FC975

- 自動上鍊
- 直徑30.0毫米
- 時間指示與萬年曆功能
- 儲能38小時
- 振頻每小時28,800次
- 鍍金鏤空自動盤
- 陀飛輪矽質擒縱裝置
- 33石

Cal.FC703

- 自動上鍊
- 直徑27.5毫米
- 小三針、日期與月相功能
- 儲能38小時
- 振頻每小時28,800次
- 鍍金鏤空自動盤
- 26石

Cal.FC705

- 自動上鍊
- 直徑30.0毫米
- 小三針、日期與月相功能
- 儲能38小時
- 振頻每小時28,800次
- 鍍金鏤空自動盤
- 26石

Cal.FC718

- 自動上鍊
- 直徑30.0毫米
- 大三針、日期與世界時區功能
- 儲能38小時
- 振頻每小時28,800次
- 鍍金鏤空自動盤
- 26石

Cal.FC760

- 自動上鍊
- 直徑30.0毫米
- 小三針、日期與飛返計時功能
- 儲能38小時
- 振頻每小時28,800次
- 鍍金鏤空自動盤
- 32石

GIRARD-PERREGAUX 芝柏

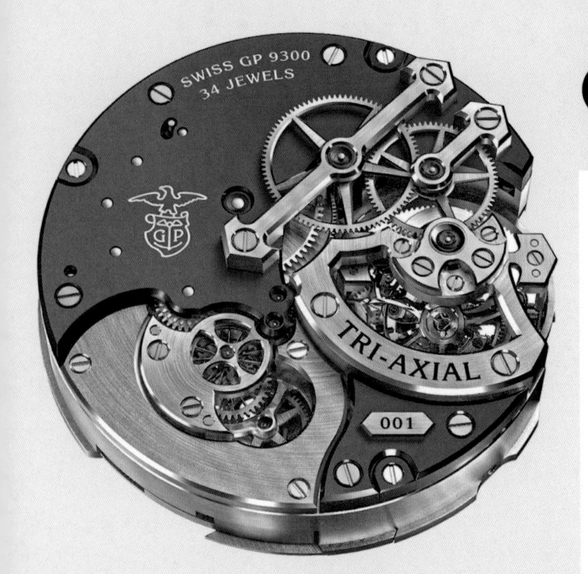

Cal.9300

- 手動上鍊
- 直徑36.10毫米、厚16.83毫米
- 時、分針與儲能指示功能
- 儲能52小時
- 振頻每小時21,600次
- 34石
- 三軸陀飛輪擒縱裝置
- 陀飛輪第二框架每30轉秒一圈

Gal.2700

- 自動上鍊
- 直徑19.4毫米
- 小三針與日期功能
- 儲能36小時
- 振頻每小時21,600次
- 26石
- 日內瓦波紋修飾

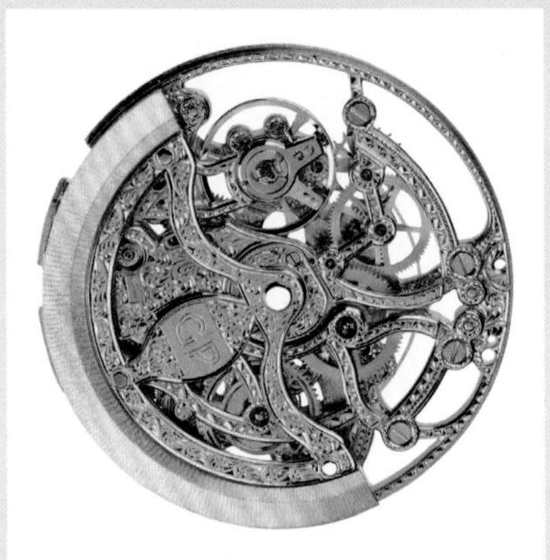

Gal.3100SQ

- 自動上鍊
- 直徑25.6毫米
- 大三針功能
- 儲能42小時
- 振頻每小時28,800次
- 27石
- 手工鏤空精雕而成

Gal.3300

- 自動上鍊
- 直徑26.20毫米
- 大三針與日期功能
- 儲能46小時
- 振頻每小時28,800次
- 27石
- 日內瓦波紋

Gal.3300-0094

- 自動上鍊
- 直徑26.2毫米
- 大三針、日期與雙時區功能
- 儲能46小時
- 振頻每小時28,800次
- 26石
- 日內瓦波紋修飾

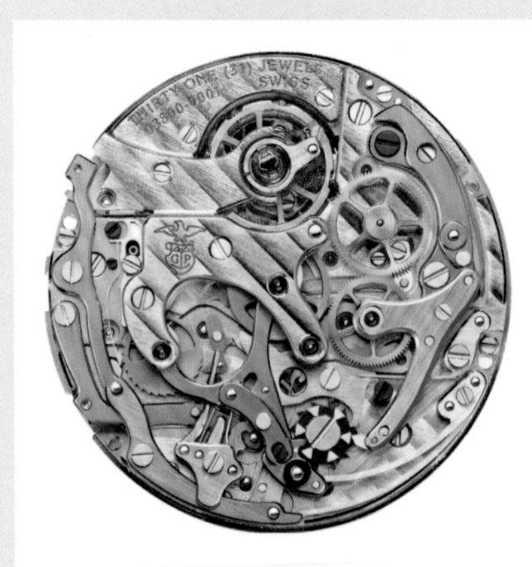

Gal.3800

- 手動上鍊
- 直徑26.2毫米
- 時間指示、日期與計時功能
- 儲能56小時
- 振頻每小時28,800次
- 312枚零件
- 31石
- Microvar可變慣性擺輪

Gal.4500

- 自動上鍊
- 直徑30.0毫米
- 大三針與日期功能
- 儲能56小時
- 振頻每小時28,800次
- 190枚零件
- 27石
- 雙重第三輪裝置

Gal.9100

- 手動上鍊
- 直徑39.2毫米、厚度7.4毫米
- 時間指示與直線型儲能指示
- 儲能六日
- 振頻每小時21,600次
- 271枚零件
- 28石
- 恆定動力裝置

Gal.9200

- 手動上鍊
- 直徑39.5毫米、厚度7.4毫米
- 大三針與直線型儲能指示
- 儲能七日
- 振頻每小時21,600次
- 280枚零件
- 29石
- 恆定動力裝置
- COSC天文台認證

Gal.9900

- 手動上鍊
- 直徑36.1毫米、厚度5.7毫米
- 時、分針指示
- 儲能75小時
- 振頻每小時21,600次
- 三金橋架構
- 陀飛輪擒縱裝置
- 20石

GRAND SEIKO

Cal.9SA4

- 手動上鍊
- 直徑31.0毫米、厚4.15毫米
- 大三針指示功能
- 背後儲能指示
- 雙發條盒儲能80小時
- 振頻每小時36,000次
- 雙衝擊擒縱裝置
- 平均日差-3～+5秒
- 47石

Cal.9SC5

- 自動上鍊
- 直徑33.0毫米、厚8.0毫米
- 小三針、日期與計時功能
- 儲能72小時
- 振頻每小時36,000次
- 雙衝擊擒縱裝置
- 平均日差-3～+5秒
- 60石

Cal.9SA5

- 自動上鍊
- 直徑31.6毫米、厚5.18毫米
- 大三針與日期功能
- 儲能80小時
- 振頻每小時36,000次
- 雙衝擊擒縱裝置
- 平均日差-3～+5秒
- 47石

Cal.9S68

- 自動上鍊
- 直徑28.4毫米
- 大三針與日期功能
- 儲能72小時
- 振頻每小時28,800次
- 經六方位調校
- 平均日差-3～+5秒
- 35石

Cal.9S64

- 手動上鍊
- 直徑28.4毫米
- 大三針指示功能
- 儲能72小時
- 振頻每小時28,800次
- 經六方位調校
- 平均日差-3～+5秒
- 24石

Cal.9S27

- 自動上鍊
- 直徑27.8毫米
- 大三針與日期功能
- 儲能50小時
- 振頻每小時28,800次
- 經六方位調校
- 平均日差-3～+8秒
- 35石

Cal.9S25

- 自動上鍊
- 直徑19.4毫米、厚4.49毫米
- 大三針與日期功能
- 儲能50小時
- 振頻每小時28,800次
- 9S問世20週年紀念機種
- 平均日差-3～+8秒
- 33石

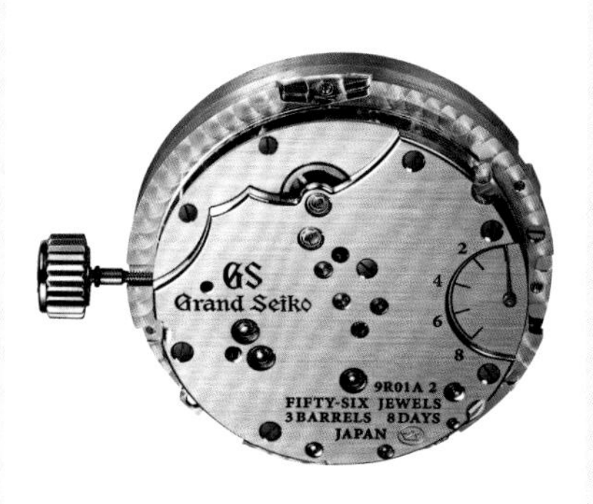

Cal.9R01

- 手動上鍊
- 專利Spring Drive技術
- 三發條盒儲能192小時
- 大三針指示功能
- 背面有儲能指示
- 平均月差±10 秒
- 56石

Cal.9R02

- 手動上鍊
- 專利Spring Drive技術
- 雙層發條盒儲能84小時
- 大三針指示功能
- 背面有儲能指示
- 平均月差±15 秒
- 39石

Cal.9RA5

- 自動上鍊
- 專利Spring Drive技術
- 直徑34毫米、厚5毫米
- 大三針、儲能指示與日期功能
- 儲能120小時
- 平均月差±10 秒
- 38石

Cal.9RA2

- 自動上鍊
- 專利Spring Drive技術
- 直徑34毫米、厚5毫米
- 大三針與日期功能
- 背面有儲能指示
- 儲能120小時
- 平均月差±10 秒
- 38石

Cal.9R96

- 自動上鍊
- 專利Spring Drive技術
- 導柱輪控制計時機構
- 鏤空自動盤鑲嵌18K金獅標
- 雙時區、儲能指示、日期與計時功能
- 儲能72小時
- 平均月差±10 秒
- 50石

OMEGA 歐米茄

Cal.1932

- 手動上鍊
- 品牌史上最複雜機芯
- 使用重達46.44克黃金裝飾
- 追針計時與三問報時功能
- 儲能60小時
- 振頻每小時36,000次
- 經大師天文台METAS認證
- 同軸擒縱裝置，45石

Cal.321

- 手動上鍊
- 18K Sedna 金PVD鍍膜
- 直徑27毫米
- 小三針與計時功能
- 儲能55小時
- 振頻每小時18,000次
- 17石

Cal.3861

- 手動上鍊
- 經大師天文台METAS認證
- 直徑27毫米
- 小三針與計時功能
- 儲能50小時
- 振頻每小時21,600次
- 同軸擒縱裝置
- 26石

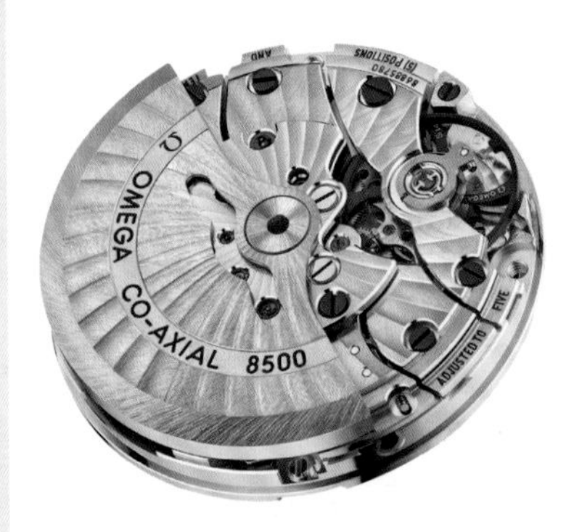

Cal.8500

- 自動上鍊
- 經大師天文台METAS認證
- 直徑29毫米
- 大三針與日期功能
- 雙發條盒儲能60小時
- 振頻每小時25,200次
- 同軸擒縱裝置
- 39石

Cal.8521

- 自動上鍊
- 經大師天文台METAS認證
- Si14矽游絲與擺輪
- 大三針與日期功能
- 儲能50小時
- 振頻每小時25,200次
- 同軸擒縱裝置
- 28石

Cal.8800

- 自動上鍊
- 經大師天文台METAS認證
- Si14矽游絲與擺輪
- 大三針與日期功能
- 儲能55小時
- 振頻每小時25,200次
- 同軸擒縱裝置
- 35石

Cal.8807

- 自動上鍊
- 經大師天文台METAS認證
- Si14矽游絲與擺輪
- 大三針指示功能
- 儲能55小時
- 振頻每小時25,200次
- 同軸擒縱裝置，35石
- 18K Sedna 金自動盤與擺輪夾板

Cal.8900

- 自動上鍊
- 經大師天文台METAS認證
- Si14矽游絲與擺輪
- 大三針與日期功能
- 儲能60小時
- 振頻每小時25,200次
- 同軸擒縱裝置
- 39石

Cal.8928Ti

- 手動上鍊
- 經大師天文台METAS認證
- Si14矽游絲與擺輪
- 大三針指示功能
- 儲能72小時
- 振頻每小時25,200次
- 同軸擒縱裝置，29石
- 底板與夾板以陶瓷化鈦金屬製作

Cal.9301

- 自動上鍊
- 經大師天文台METAS認證
- Si14矽游絲與擺輪
- 小三針、日期與計時功能
- 儲能60小時
- 振頻每小時28,800次
- 同軸擒縱裝置，54石
- 18K Sedna 金自動盤與擺輪夾板

Cal.9904

- 自動上鍊
- 經大師天文台METAS認證
- Si14矽游絲與擺輪
- 小三針、日期、月相與計時功能
- 儲能60小時
- 振頻每小時28,800次
- 同軸擒縱裝置，54石
- 導柱輪垂直離合計時機構

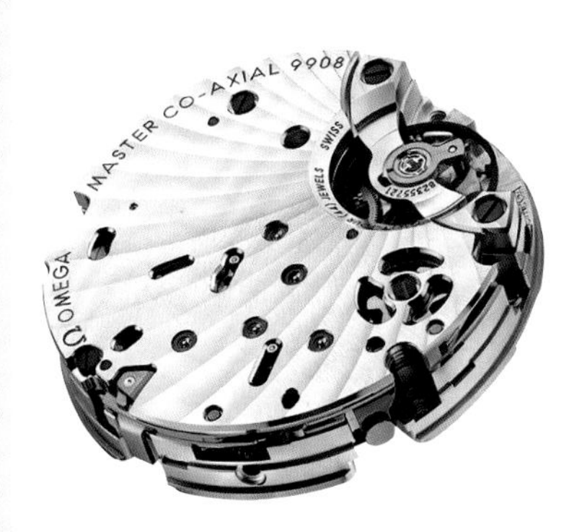

Cal.9908

- 手動上鍊
- 經大師天文台METAS認證
- Si14矽游絲與擺輪
- 小三針與計時功能
- 儲能60小時
- 振頻每小時28,800次
- 同軸擒縱裝置，44石
- 導柱輪垂直離合計時機構

PATEK PHILIPPE 百達翡麗

31-260 PS QA LU FUS 24H

- 自動上鍊
- 百達翡麗印記
- 直徑33毫米，厚5.6毫米
- 小三針、晝夜顯示、雙時區跟年曆功能
- 儲能48小時
- 振頻每小時28,800次
- 砝碼補償擺輪
- 409枚零件
- 47石
- 搭載於2022新款5326G腕錶

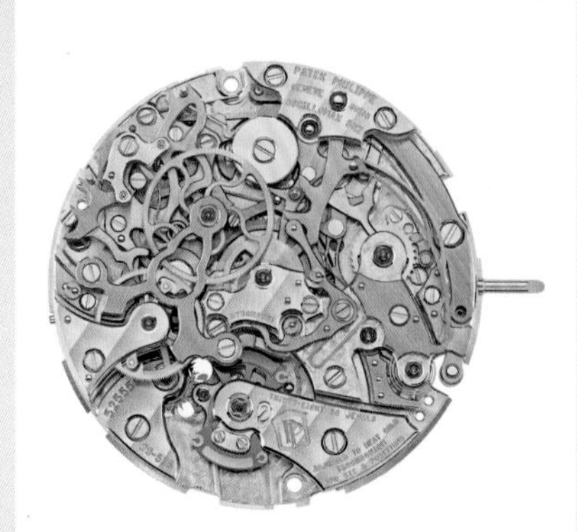

CH 29-535 PS 1/10

- 手動上鍊
- 百達翡麗印記
- 直徑29.6毫米，厚6.96毫米
- 小三針、1/10秒單按把計時功能
- 儲能48小時
- 振頻每小時36,000次
- 品牌專利矽擒縱裝置
- 396枚零件
- 38石
- 搭載於2022新款5470P腕錶

R 27 PS

- 自動上鍊
- 百達翡麗印記
- 直徑28毫米，厚度5.05毫米
- 小三針跟三問報時功能
- 儲能48小時
- 振頻每小時21,600次
- 砝碼補償擺輪
- 2021年先進研究計畫成果

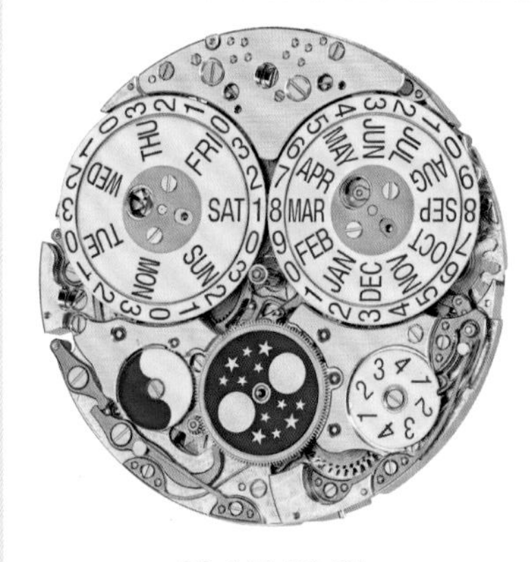

31-260 PS QL

- 自動上鍊
- 百達翡麗印記
- 直徑34毫米，厚5.8毫米
- 時間指示、月相與並列顯示萬年曆
- 儲能約48小時
- 振頻每小時28,800次
- 503個零件
- 55石

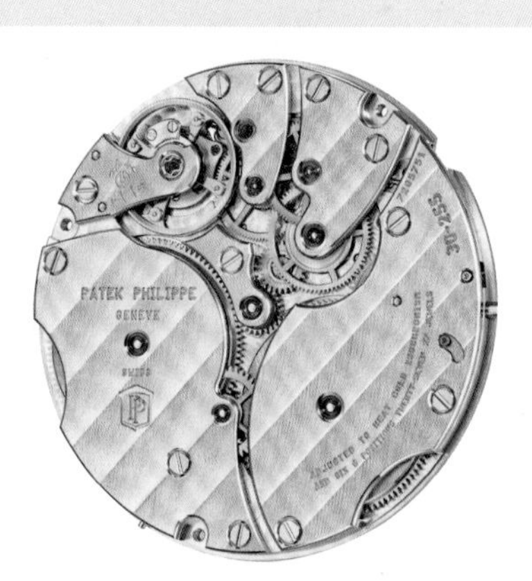

30-255 PS

- 手動上鍊
- 百達翡麗印記
- 直徑31毫米，厚2.55毫米
- 小三針時間指示
- 儲能約65小時
- 振頻每小時28,800次
- 164個零件
- 27石

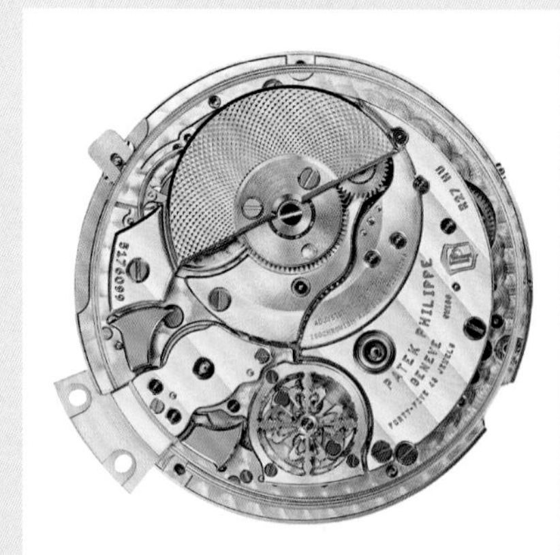

R 27 HU

- 自動上鍊
- 百達翡麗印記
- 直徑32毫米，厚度8.5毫米
- 時分指示、三問報時、世界時區
- 儲能48小時
- 振頻每小時 21,600次
- 專利Gyromax®擺輪
  搭配Spiromax®游絲
- 452枚零件
- 45石

300 GS AL 36-750 QIS FUS IRM

- 手動上鍊
- 百達翡麗印記
- 直徑37毫米，厚度10.7毫米
- 時間指示、大小自鳴、三問報時、萬年曆等20項複雜功能
- 儲能72小時
- 振頻每小時 25,200次
- 專利Gyromax®擺輪搭配Spiromax®游絲
- 1366枚零件
- 108石

CHR 29-535 PS Q

- 手動上鍊
- 百達翡麗印記
- 直徑32毫米，厚度8.7毫米
- 時間指示，萬年曆，月相，追針計時
- 儲能65小時（不啟動計時功能）
- 振頻每小時 28,800次
- Gyromax®砝碼微調擺輪
- 496枚零件
- 34石

240

- 自動上鍊
- 百達翡麗印記
- 直徑27.5毫米，厚度2.53毫米
- 時、分針指示
- 儲能48小時
- 振頻每小時 21,600次
- Gyromax®砝碼微調擺輪
- 161枚零件
- 27石

240 HU

- 自動上鍊
- 百達翡麗印記
- 直徑27.5毫米，厚度3.88毫米
- 時間指示與世界時區功能
- 儲能至少48小時
- 振頻每小時 21,600次
- 專利Gyromax®擺輪搭配Spiromax®矽游絲
- 239枚零件
- 33石

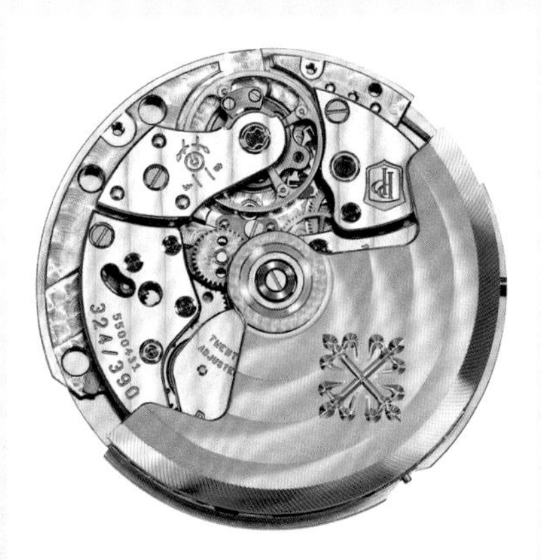

324 S C

- 自動上鍊
- 百達翡麗印記
- 直徑27毫米，厚度3.57毫米
- 大三針指示，日期
- 儲能45小時
- 振頻每小時 28,800次
- Gyromax®砝碼微調擺輪
- 217枚零件
- 29石

324 S QA LU 24H/206

- 自動上鍊
- 百達翡麗印記
- 直徑32.6毫米，厚度5.78毫米
- 大三針指示，月相，年曆，晝夜指示
- 儲能45小時
- 振頻每小時 28,800次
- 專利Gyromax®擺輪搭配Spiromax®矽游絲
- 356枚零件
- 34石

R TO 27 PS QI

- 手動上鍊
- 百達翡麗印記
- 直徑32毫米，厚度9.33毫米
- 瞬跳萬年曆，月相，晝／夜顯示，三問報時
- 儲能48小時
- 振頻每小時 21,600次
- 陀飛輪擒縱裝置
- 557枚零件
- 37石

R TO 27 QR SID LU CL

- 手動上鍊
- 百達翡麗印記
- 直徑38毫米，厚度12.61毫米
- 正面：時間指示，逆跳萬年曆，三問
- 背面：恆星時間，星象圖，月相
- 儲能48小時
- 振頻每小時 21,600次
- 陀飛輪擒縱裝置
- 705枚零件
- 55石

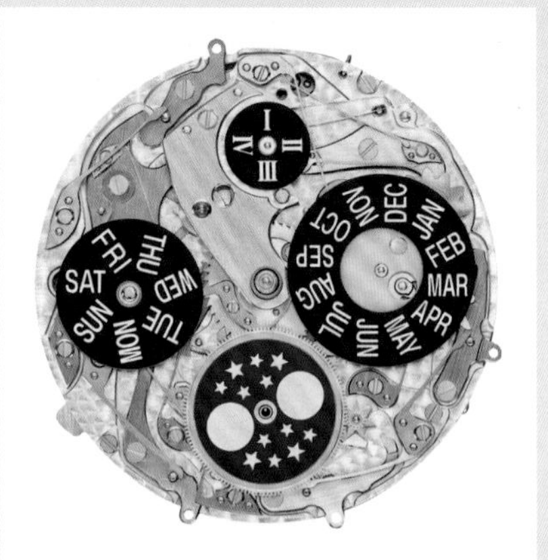

R TO 27 PS QR

- 手動上鍊
- 百達翡麗印記
- 直徑28毫米，厚度8.64毫米
- 逆跳萬年曆，月相，三問報時
- 儲能48小時
- 振頻每小時 21,600次
- 陀飛輪擒縱裝置
- 506枚零件
- 28石

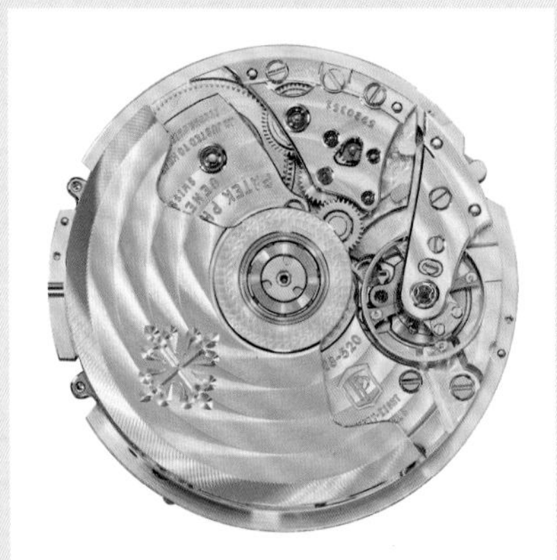

CH 28-520 HU

- 自動上鍊
- 百達翡麗印記
- 直徑33毫米，厚度7.97毫米
- 時間指示、世界時區與計時功能
- 儲能55小時
- 振頻每小時28,800次
- 專利Gyromax®擺輪搭配Spiromax®矽游絲
- 343枚零件
- 38石

CHR 27-525 PS

- 超薄手動上鍊
- 百達翡麗印記
- 直徑27.3毫米，厚度5.25毫米
- 時間指示，追針計時
- 儲能48小時（不啟動計時功能）
- 振頻每小時 21,600次
- Gyromax®砝碼微調擺輪
- 252枚零件
- 27石

CH 29-535 PS

- 手動上鍊
- 百達翡麗印記
- 直徑29.6毫米，厚度5.35毫米
- 時間指示，計時功能
- 儲能65小時（不啟動計時功能）
- 振頻每小時 28,800次
- Gyromax®砝碼微調擺輪
- 270枚零件
- 33石

ROLEX 勞力士

Cal.4131

- 恆動雙向自動上鍊系統
- 60週年特別版搭載18K金自動盤
- 小三針與計時功能
- 頂級天文台認證日差±2秒
- 儲能72小時，47石
- 振頻每小時28,800次
- 順磁性游絲搭配K金螺絲微調擺輪 Chronergy順磁性擒縱裝置導柱輪垂直離合計時機構

Cal.4131

- 恆動雙向自動上鍊系統
- 以4130為基礎所改造的新版機芯
- 小三針與計時功能
- 頂級天文台認證日差±2秒
- 儲能72小時，47石
- 振頻每小時28,800次
- 順磁性游絲搭配K金螺絲微調擺輪 Chronergy順磁性擒縱裝置導柱輪垂直離合計時機構

Cal.4161

- 恆動雙向自動上鍊系統
- 以4130為基礎所製成
- 小三針與倒數計時功能
- 頂級天文台認證日差±2秒
- 儲能72小時，44石
- 振頻每小時28,800次
- 順磁性游絲搭配K金螺絲微調擺輪 Chronergy順磁性擒縱裝置

Cal.7140

- 恆動雙向自動上鍊系統
- 18K金鏤空自動盤
- 小三針指示功能
- 頂級天文台認證日差±2秒
- 儲能66小時，38石
- 振頻每小時28,800次
- Syloxi矽游絲搭配K金螺絲微調擺輪 Chronergy順磁性擒縱裝置

Cal.9002

- 恆動雙向自動上鍊系統
- 以9001為基礎在今年改製而成
- 雙時區、日期與月份顯示的年曆功能
- 頂級天文台認證日差±2秒
- 儲能72小時，45石
- 振頻每小時28,800次
- 順磁性游絲搭配K金螺絲微調擺輪 Chronergy順磁性擒縱裝置

Cal.3230

- 恆動雙向自動上鍊系統
- 直徑28.5毫米
- 大三針指示功能
- 頂級天文台認證日差±2秒
- 儲能70小時，31石
- 振頻每小時28,800次
- 順磁性游絲搭配K金螺絲微調擺輪 Chronergy順磁性擒縱裝置

VACHERON CONSTANTIN

Cal.1990

- 手動上鍊
- 直徑35.0毫米、厚10.0毫米
- 雙逆跳時、分針指示功能
- 儲能60小時
- 振頻每小時18,000次
- 雙軸陀飛輪裝置
- 底板與夾板經黑灰色NAC鍍膜
- 獲頒日內瓦印記
- 299枚零件，45石

Cal.2162-R31

- 自動上鍊，22K金環形自動盤
- 直徑31.0毫米、厚6.25毫米
- 小三針與逆跳日期指示功能
- 儲能72小時
- 振頻每小時18,000次
- 陀飛輪擒縱裝置
- 底板與夾板經黑灰色NAC鍍膜
- 獲頒日內瓦印記
- 242枚零件，30石

Cal.2460-R31L

- 自動上鍊
- 直徑27.2毫米、厚5.4毫米
- 時、分針與逆跳日期功能
- 122年誤差1日超精密月相顯示
- 儲能40小時
- 振頻每小時28,800次
- 獲頒日內瓦印記
- 275枚零件，27石

Cal.2755TMRCC

- 手動上鍊
- 直徑33.3毫米、厚11.2毫米
- 正面：逆跳日期萬年曆、
  南北半球月相跟三問功能
- 背面：天文星象圖、太陽時與陀飛輪裝置
- 儲能58小時
- 振頻每小時18,000次
- 獲頒日內瓦印記
- 774枚零件，50石

Cal.2755TMR

- 手動上鍊
- 直徑33.9毫米、厚6.1毫米
- 小三針與三問報時功能
- 陀飛輪擒縱裝置
- 儲能58小時
- 振頻每小時18,000次
- 獲頒日內瓦印記
- 471枚零件，40石

Cal.2757

- 手動上鍊
- 直徑33.3毫米、厚10.4毫米
- 追針計時與三問報時功能
- 陀飛輪擒縱裝置
- 儲能60小時
- 振頻每小時18,000次
- 獲頒日內瓦印記
- 698枚零件，59石

江詩丹頓

Cal.3500

- 自動上鍊
- 直徑37.0毫米、厚5.2毫米
- 小三針、儲能與追針計時功能
- 22K金環形自動盤
- 儲能48小時
- 振頻每小時21,600次
- 獲頒日內瓦印記
- 473枚零件，47石

Cal.3610QP

- 手動上鍊
- 直徑32.0毫米、厚6.0毫米
- 儲能指示與萬年曆功能
- 雙擒縱兩種運轉模式裝置
- 5Hz高速運轉儲能4天
- 1.2Hz慢速運轉儲能65天
- 獲頒日內瓦印記
- 480枚零件，64石

Cal.3750

- 手動上鍊
- 直徑72毫米、厚36毫米
- 具備高達57項功能
- 三位製錶大師耗時8年製成
- 儲能60小時
- 振頻每小時18,000次
- 獲頒日內瓦印記
- 2,826枚零件，242石

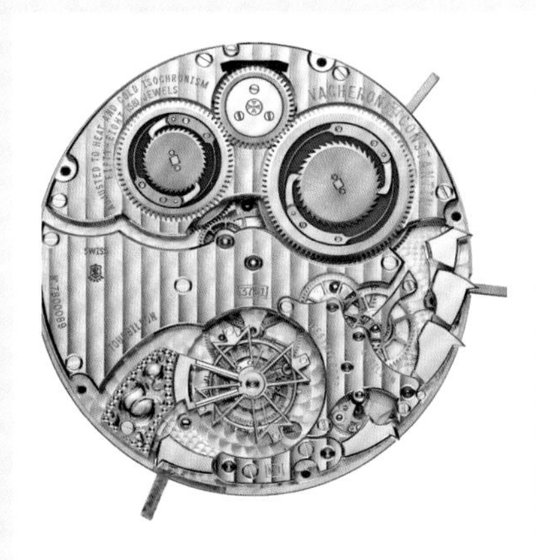

Cal.3761

- 手動上鍊
- 直徑71.0毫米、厚17.05毫米
- 小三針與四錘鐘樂報時功能
- 陀飛輪擒縱裝置
- 走時儲能80小時
- 振頻每小時18,000次
- 獲頒日內瓦印記
- 806枚零件，58石

Cal. 2260 SQ

- 手動上鍊
- 直徑29.10毫米，厚度6.80毫米
- 小三針、動力儲存指示
- 儲能336小時
- 擺輪振頻每小時 18,000次
- 31石
- 231枚零件
- 陀飛輪，日內瓦印記

Cal. 3200

- 手動上鍊
- 直徑32.8毫米，厚度6.7毫米
- 小三針、儲能指示與單鍵計時功能
- 儲能65小時
- 振頻每小時18,000次
- 39石
- 292枚零件
- 日內瓦印記
- 陀飛輪擒縱裝置

ZENITH 真力時

Cal.8812S

- 手動上鍊
- 直徑38.5毫米
- 小三針與儲能指示功能
- 儲能50小時
- 振頻每小時36,000次
- 零重力擒縱裝置
- 全鏤空設計
- 41石

Cal.9020S

- 自動上鍊
- 直徑35.8毫米
- 小三針與計時功能
- 中央精準至1/100秒計時指針
- 儲能50小時
- 雙陀飛輪擒縱裝置
- 走時5Hz；計時50Hz
- 59石

Cal.9004

- 自動上鍊
- 直徑32.8毫米、厚7.9毫米
- 小三針、儲能指示與計時功能
- 走時跟計時分開的雙擒縱機構
- 獨立計時擒縱機構精確至1/100秒
- 儲能50小時
- 振頻每小時36,000次
- 203枚零件
- 53石

Cal.4035

- 自動上鍊，22K金自動盤
- 直徑37毫米、厚7.55毫米
- 小三針、日期與計時功能
- 陀飛輪擒縱裝置
- 儲能50小時
- 振頻每小時36,000次
- 導柱輪計時控制中樞
- 381枚零件
- 35石

Cal.3620

- 自動上鍊
- 直徑30毫米
- 鏤空星型自動盤
- 小三針與日期功能
- 以El Primero 3600為基礎製成
- 儲能60小時
- 振頻每小時36,000次
- 26石

Cal.3600

- 自動上鍊
- 直徑30毫米
- 小三針、日期與計時功能
- 中央精準至1/10秒計時指針
- 儲能60小時
- 振頻每小時36,000次
- 導柱輪計時控制中樞
- 311枚零件
- 35石

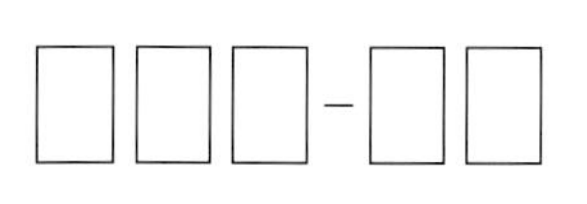

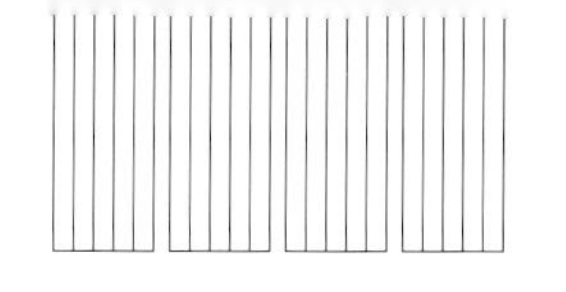

廣 告 回 信
台灣北區郵政管理局登記證
北 台 字 第 1 3 4 5 號
台 灣 地 區 免 貼 郵 票

Time Square 時間觀念　WATCH CALENDAR 2024~25 世界名錶年鑑

ANNUAL COLLECTION OF THE YEAR'S BEST WATCHES

木石文化（股）有限公司 發行部

105020　台北市松山區南京東路三段303巷6弄9號2樓

電話：（02）2719-8970　傳真：（02）2719-8960

http://www.ts-online.com.tw

◎時間觀念〈一年9期〉

9期NT$1,600 ☐新訂戶 ☐續訂戶，加贈一期

18期NT$3,000 ☐新訂戶 ☐續訂戶，加贈二期

海外訂購價 ☐歐美9期（一年）：US$220元

◎鐘錶專有名詞實用辭典 NT$368 _____本

劃撥帳號：1876-6105

戶名：木石文化股份有限公司

◎世界名錶年鑑

☐2024~2025 世界名錶年鑑 NT$858

☐2004~2024 世界名錶年鑑 NT$500／本，零買________年世界名錶年鑑，共________本

寄送方式 ☐平寄 ☐掛號（每本需加收20元郵資）

特約商店名稱：木石文化股份有限公司　　特約商店代號：0101604516

☐新訂戶（收件人姓名：______________________）　☐舊訂戶／編號或姓名：__________ ☐男 ☐女

產品名稱：______________________

聯絡電話：市話：（　）__________　手機：__________

消費金額：新台幣：_____萬_____仟_____佰_____拾_____元整

訂閱年限：自_______年_______月至_______年_______月為止

發票抬頭：______________________

訂閱期數：自_______期至_______期

統一編號：______________________

收件人地址：______________________

持卡人簽名：______________________

持卡人地址：______________________

發卡銀行：______________________

電子信箱：______________________

消費刷卡日期：______________________

持卡人卡號：________-________-________-________

信用卡有效期限：__________年__________月

卡　別：☐VISA ☐MASTER ☐JCB ☐AE ☐聯合信用卡

信用卡末三碼：______________________

持卡人同意依照信用卡使用規定，一經使用或訂購物品，均應按所示之全部金額，付款予發卡銀行。